はじめよう！プロセス設計
要件定義のその前に
Getting Started Process Design

羽生章洋
HABU Akihiro

技術評論社

●**本書をお読みになる前に**

本書に記載された内容は、情報の提供だけを目的としています。したがって、本書を用いた運用は、必ずお客様自身の責任と判断によって行ってください。これらの情報の運用の結果について、技術評論社および著者はいかなる責任も負いません。

本書記載の情報は、2016年10月現在のものを掲載していますので、ご利用時には、変更されている場合もあります。

本書のソフトウェアに関する記述は、特に断りのないかぎり、2016年10月現在での最新バージョンをもとにしています。ソフトウェアはバージョンアップされる場合があり、本書での説明とは機能内容や画面図などが異なってしまうこともあり得ます。本書ご購入の前に、必ずバージョン番号をご確認ください。

以上の注意事項をご承諾いただいた上で、本書をご利用願います。これらの注意事項をお読みいただかずに、お問い合わせいただいても、技術評論社および著者は対処しかねます。あらかじめ、ご承知おきください。

●**本文中に ™、®、©は明記していません。**

はじめに

　本書は『はじめよう！ 要件定義』という書籍の続編に当たります。続編といっても続きではありません。実はその本には

　　第2部　要件定義の詳細
　　［助走編］Chapter-11「利用者の行動シナリオを書こう」

という、ページ数にして 22 ページほどのブロックがあります。この部分について、きちんと書いたものが本書となります。

　では、本書はその『はじめよう！ 要件定義』を読んでいなければ無意味なのかというと、むしろその逆です。［助走編］と記してあるとおり、本書に書かれている内容はそもそも要件定義を行う前にしっかりと済ませておきたい内容なのです。しかし、日本の IT 導入にまつわる悪しき商慣習のため、要件定義の一部として本書の内容が実施され、しかもそのタイミングで行うがゆえに時間が足らず精度が低く、あるいは本書に記すようなことをほぼ蔑ろにして大きな損失へとつながってしまっているケースを散見します。ですので、続編と言いつつも、本来は本書のほうが先に出ているべき・読まれているべきものであるというのが正しい位置付けです。

　また『はじめよう！ 要件定義』は、どちらかというとソフトウェアを作る側の視点が強めでした。それは要件定義を必要とするのが作り手の側である以上は当然のことだからです。しかし、本書は違います。ソフトウェア開発に直接関係のない方で

あっても、この世の中において「仕事をする」人であれば、およそ全員に関わりのある内容です。「要件定義のその前に」とサブタイトルを振っていますが、「IT化のその前に」や「仕事を行うその前に」と言ってもまったく無理がない内容です。

　欧米に比べて日本企業は云々ということが盛んに議論されていますが、その大半の原因は本書に記すようなことが、欧米では「当たり前」なのに日本ではほとんどまったく知らない・考えられていないことに由来します。

　前著『はじめよう！ 要件定義』をお読みくださった方にはその補完として、まだお読みでない方には、むしろ要件定義などの話をするはるか以前に本書の内容が当たり前でなければならないのだと感じていただくきっかけとして、ぜひ最後までお読みいただければ嬉しく思います。

2016 年 11 月

羽生 章洋

Contents

第1部　プロセス設計って何だろう? ……… 1

CHAPTER 01　「モヤモヤ」が止まらない ………………… 2

こんな現状
いつまでも報われる気がしない
プロセスを設計すること

CHAPTER 02　プロセスとは何か ……………………… 5

プロセスとは「過程」のこと
「プロセス」という言葉の多様性
人は「当たり前」に冷たい
「悪性・悪習慣」化しているプロセス
問題解決もまたプロセスである

CHAPTER 03　プロセス設計とは ……………………… 27

「プロセスを設計する」とは
プロセスとは仕組みである
良質のプロセス設計がもたらすもの

第2部　プロセスの構成要素 ………………… 33

CHAPTER 04　プロセス=仕事の連なり ……………… 34

仕事の構造
仕事の本質は変換
仕事を行うタイミング
仕事の連鎖
受け渡しと保管とピックアップ
「良質のプロセス」を考えるために

v

CHAPTER 05 評価と価値と対価 ···································· 48

価値とは何か
評価という仕事
対価と支払い
効果とか影響とか

CHAPTER 06 心の仕事 ··· 57

顧客からの注文は相手次第
「顧客が注文をする」という仕事
決心までに至る心の中のプロセス

CHAPTER 07 もしもの世界 ···································· 61

多種多様なニーズに応えるプロセス
もしもの場合に備えるプロセス設計

CHAPTER 08 プロセスをどう表現するか ············· 64

仕事の入れ子構造
プロセスを表現する
マジカとは

CHAPTER 09 マジカでプロセスを表現する ················ 71

活動と成果
材料と道具と手順
受け渡し
実行条件
保管とピックアップ
もしもの場合
バリエーションについて
心の中について
その他いろいろ

CHAPTER 10 **マジカでサンプルを描いてみる** ………… 87

マジカでプロセスを表現する例
文章に書かれている内容をプロセスに描く
文章に書かれていない内容をプロセスに描く
描いたプロセスの最終形
マジカから別の表記法への転記
いよいよ設計へ!

第2.5部 **既存プロセスの見える化** ………… 97
〜第2部と第3部の間のお話〜

CHAPTER 11 **現状を可視化する** ………………… 98

まずは健康診断
既存プロセスの見える化のメリット
既存プロセスの見える化の進め方

CHAPTER 12 **既存システムのリプレース案件にて** … 108

現状を把握し切れない状態でのリプレース要件
現行システム周辺の利用プロセスを収集するためには
目的およびビジョンの明確化が不可欠

CHAPTER 13 **パッケージソフトやシステムに業務を
合わせるという話** ……………………… 114

パッケージに業務を合わせる場合の問題点
パッケージの想定する業務プロセスを取得するには

第3部　プロセスの設計方法 121

CHAPTER 14　基本的な考え方＝ストーリー指向 122
プロセス設計では何を考えるべきか
ストーリー指向とは
想像を描くのは難しい
シナリオのあるドラマとしての商売（ビジネス）
ビジネスというストーリー

CHAPTER 15　ゴールを明確にする 134
ゴール設定の重要性
ゴールの三角形
ゴールから逆算する
ブレイクダウンする

CHAPTER 16　3本のプロセスライン 145
顧客と支援者の2本のプロセスライン
「IT」という魔法
顧客、支援者、ITプロセスの3本のプロセスライン

CHAPTER 17　カスタマーエクスペリエンスを描く 150
顧客のプロセスを描くには
CX設計において重要なこと
CXの作り方
背中を押してあげる

CHAPTER 18　サービスデザインを描く 162
プロセスをサービスとして考える
サービスデザインの進め方
サービスデザインにおける注意点

CHAPTER 19　ユーザシナリオを描く ……………………… 181

　IT を利用するということ
　ユーザシナリオの進め方

CHAPTER 20　全体を見直してみる ……………………… 199

　最初は大雑把に、少しずつディテールを詰めていく
　経験を重ねてスキルを習得しよう

まとめ　現代の魔法つかいとして ………… 201

　プロセスとは仕組みである
　絵に描いた餅にしないために
　プロジェクトというプロセスを設計する
　問題解決のデザイナーとして
　未来図を描く
　戦略というプロセスを描く
　人生というプロセス
　いくつになっても今日が始まり!

あとがき……………………………………………………………… 215

第1部

プロセス設計って何だろう？

CHAPTER 01 「モヤモヤ」が止まらない
CHAPTER 02 プロセスとは何か
CHAPTER 03 プロセス設計とは

「モヤモヤ」が止まらない

こんな現状

　誰だって報われたい。そう思って仕事をしていることでしょう。たいていの人は、仕事を通じて何らかの形で誰かの役に立ちたいと思っているのではないかと感じます。そして、誰もが仕事をする以上は報われたいと望んでいることでしょう。しかし実際は、

- 効率の悪い／無駄にしか思えない作業を強いられる
- 部署間の連携がうまくいかず、頻繁に行き違いや手戻りが発生する
- 問題を解決するために改善を試みるも、なかなか思うようにいかない
- ITを導入しようとしてもプロジェクトが迷走して、なかなか予定どおりに実現しない
- ようやくITが導入されても、導入前より融通が利かず手数も増えてむしろ非効率になった

などなど、余計にモヤモヤする状態が強化されていく一方のように感じられるのが大半の方の現実でしょう。これが自分のところだけでなく社会全体で数多く発生していることは、OECD（経済協力開発機構）に加盟している34カ国（当時）の中で日本の労働生産性が21位（2015年において）であることからも

うかがい知ることができます。

いつまでも報われる気がしない

では、みんなが悪意を持ってわざと仕事を非効率なものにしているのでしょうか？ みんなでサボっているのでしょうか？ いえ、むしろその逆で、少しでも良くしようと個々人が限界ギリギリまで頑張っているのが実際でしょう。すると、そのように現場が頑張るのを搾取する悪徳経営者がはびこっているのでしょうか？ 残念ながら、というのもおかしな話ですが、経営者層も同様に追いつめられながら頑張っているケースが多数を占めています。つまり上層部から現場の末端まで。社長から新人まで。みんな誰もが、より良い仕事をしたい・させたい、報いたい・報われたい、そう思って毎日を過ごしています。

では、いったいどうしてみんなが望んでいるようにうまくいかないのか？ あるいは、何がどうなれば望んでいるような仕事を実現できるのか？ その鍵こそが本書の主題である「プロセス設計」です。

プロセスを設計すること

　では「プロセス設計」とは何か。それは「プロセスを設計すること」です。何を当たり前のことをと思われることでしょう。では「プロセス」とは何でしょうか。「設計する」とは何でしょうか。これらをもう少し噛み砕いてみましょう。

CHAPTER 02

プロセスとは何か

プロセスとは「過程」のこと

プロセスという単語は、実に多様な使われ方をしています。「結果よりもプロセスが重要だ」のような言い回しがあったりもします。プロセスを日本語に訳すと「過程」となります。過程を辞書で引くと「物事が変化し進行して、ある結果に達するまでの道筋」となります。つまり「ある成果を出すためにやること」がプロセスだと言えるでしょう。

図：プロセスとは

「プロセス」という言葉の多様性

さて、このプロセスという単語、実際に仕事の場で使うのは多少厄介なところがあります。というのは、前述のとおり多様

な使われ方をしている一方で、同じ意味を表す別の言葉も多用
されているからです。

■ ビジネスプロセス

　たとえば、仕事の場においてプロセスというと、やはり真っ
先に出てくるのが「ビジネスプロセス」という言葉です。BPR
（ビジネスプロセスリエンジニアリング）や BPM（ビジネスプ
ロセスマネジメント）という言葉もよく使われます。ビジネス
プロセスとは、当然ながらビジネスのプロセスです。ビジネス
で結果を出すために必要な、やるべきことの集まりがビジネス
プロセスになります。

　では、そもそもビジネスとは何でしょうか。ビジネスプラン
のことを事業計画と言ったりします。ですから、ビジネスとは
「事業」であると言えます。また、ビジネスとは「取引」である
とも言えます。もっと率直に言えば「商売」です。すなわち、ビ
ジネスプロセスとは、事業のプロセスであり取引のプロセスで
あり、そして何よりも商売のプロセスです。ですから、ビジネ
スプロセスとは、商売で結果を出すために必要な、やるべきこ
との集まりだと言うことができます。

図：ビジネスとか、事業とか……

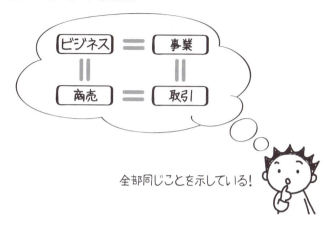

■ 業務プロセス

さて、ビジネスプロセスに近い言葉に「業務プロセス」があります。これは業務のプロセスです。では「業務」とは何でしょうか。業務という言葉も実に多様な定義がされており、端的に言えばすごくご都合主義的な使われ方をしているケースが多々見受けられます。

私は「**業務とは、商売の実現に必要な仕事の集まり**」と定義しています。本書でもこの定義を使っていきます。この定義を使うと、先ほどのビジネスプロセスも業務プロセスも同じことを言っているととらえることもできます。

図：業務プロセス

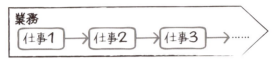

仕事の集まりを「業務」と考える

■ 業務フローやワークフローなど

　業務という言葉で連想されるものに「業務フロー」があります。フロー（Flow）とは「流れ」の意ですから、業務フローとは「業務の流れ」ということになります。一方でプロセス＝過程も結果に至る道筋という観点から見れば、流れであるとも言えます。ですから、業務プロセスも業務フローも同じことを言っているとみなせます。ということは、やはり業務フローもまたビジネスプロセスと同じだと言うことができます。

　フローという言葉で90年代以降に一般化した用語の1つに、「ワークフロー」があります。社内における上長の承認処理の電子化（実はOA化であってIT化ではありません）の普及に伴って定着した言葉です。ワークは仕事あるいは作業の意ですから、ワークフローとは「仕事・作業の流れ」ということになります。そこから転じて、小さな領域の仕事の流れを表現するときに、たとえば「名刺注文のワークフロー」などのように使われることもあります。先ほど業務とは仕事の集まりだと定義しました。ということは、このワークフローとは業務になります。となると、ワークフローと業務フローはやはり同じようなものだと言えるでしょう。

図：業務フローとか、ワークフローとか……

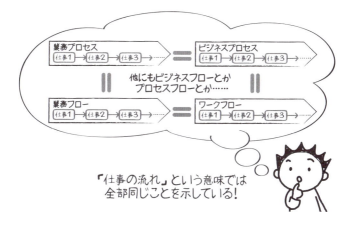

■ ソフトウェア開発プロセス、製造プロセス、生産プロセス

　少し目線を変えてみると、プロセスという言葉が多用される領域にソフトウェア開発の現場があります。「ソフトウェア開発プロセスにはウォーターフォールとアジャイルがある」という形で使われます。これはソフトウェア開発の過程ということになりますので、ソフトウェア開発が仕事・業務あるいはビジネスであるなら（そして大半はビジネス＝商売として実施されています）、これはやはりビジネスプロセスの１つであると言えるでしょう。

　さらに類似の話として、製造業では製造プロセスや生産プロセスという言葉が使われます。これらは製造の過程であり生産の過程です。何かを製造するための過程とは、具体的には（作業）工程の連なりです。プロセスが結果を生み出すための過程

だとするなら、プロセスとは工程の集まりであるとも言えます。

さらに言うと、「プロセスフロー」という言葉も使われることが割と頻繁にあり、これなどは「過程の流れ」ですから、いわば「流れの流れ」となって、気持ちは何となくわかるけど用語としてはどうなんだろうか、という印象も受けます。

図：ソフトウェア開発プロセスや製造プロセス・生産プロセスなど

CHAPTER 02：プロセスとは何か

コラム 組織とか経営とか

プロセスとフローだったり、ビジネスと商売と業務だったりという言葉の使い方について触れていますが、同じような文脈でよく現れるのが「組織」とか「経営」という言葉です。経営的観点で、などと使われたりもしますが、そこでの経営とはどういう意味なのかというと、割と曖昧なことも間々あります。そこで以下に本書における定義を記載しておきます。これは私のオレオレ定義でしかないのですが、言葉の定義はプロセス設計（ひいてはIT化）における命綱ですので、現場で混乱が生じるような場合は会話の叩き台にお使いいただければと思います。

図：商売、業務、仕事、経営、組織の定義

■ 定義が曖昧で面倒くさいから放置される

　……ここまで非常にややこしくて面倒くさい話をしてきました。日々頑張って働いているのに報われなくてモヤモヤする一方だ。それをどうにかするにはプロセス設計が大切だと言っておきながら、何だこの面倒くさい「プロセスとは何か」などという話は。そう感じられる方もいらっしゃることでしょう。そうです。この面倒くささゆえに「プロセスとはよくわからないもの」になり、よくわからないから学ばない・手をつけないものと化して、それが時を経て、存在自体が忘れられてしまう。だからプロセス設計が必要にもかかわらず誰も何もしないために、いつまでもモヤモヤの解消しない事態が続くことになっているのです。

▌人は「当たり前」に冷たい

■ プロセスは存在しないのか

　では、みなさんの仕事においてプロセスは存在しないのでしょうか。実はそうではありません。プロセスが結果を出すために必要なやるべきことの集まりである以上、仕事で何かしらの成果を出しているからには当然、そこにはプロセスが存在しています。何もしないのに目玉焼きが突然目の前に現れることがないのと同様です。しかし、問題は、そのプロセスを「意識的・計画的」に行っているわけではないところにあります。

CHAPTER 02：プロセスとは何か

図：プロセスは当たり前に存在する

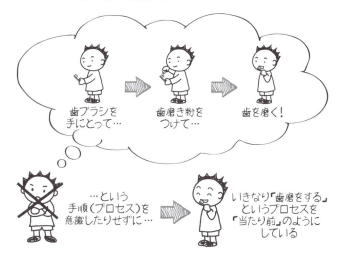

■ プロセスを実施するにはスキルが必要

ここでまた少し話を寄り道させることになります。何かを実現するには何らかのプロセスを経る必要がある。それについては、ここまでの話で何となく感じていただけていることかと思います。では、何かを実現するとは、いきなり何でもすぐにできるものでしょうか。物事を実現・達成する能力のことを技能あるいはスキルと呼びます。このスキルというものは、いきなり身につくものでしょうか。

たとえば、誰もが当たり前のように服を着て出勤してくる。これはみんなが「服を着る」というプロセスを実施して、その結果として「服を着た状態」となるから実現できています。おそらく誰もこの「服を着る」という行為自体に疑問を持っていな

13

いでしょう。しかし、小さな子どもの場合はどうでしょうか。自分でちゃんと正しく服を着ることができるかというと、最初からできる子はほぼ皆無でしょう。つまり服を着るというプロセスを実施するスキルがないのです。

図：プロセスを実施するにはスキルが必要

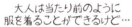

　ベテランの営業マンならできて当たり前の訪問時のヒアリングトーク。では学校を卒業したばかりの、入社したての新人が同様に当たり前のようにできるでしょうか。一部の才能を有する新人さん以外ではおそらくたいていの場合は不可能でしょう。これから時間をかけてスキルを習得していくことで段々とできるようになっていくはずです。

CHAPTER 02：プロセスとは何か

■「できて当たり前」の状態＝プロセスの習慣化

つまり、何らかの結果を出すに際して必要なこと＝プロセスというのは、それができるようになっていると「できて当たり前」の状態になります。そして私たちは得てして「当たり前」に冷たいのです。なぜなら「当たり前」に対してはわざわざ意識を向けるということをしないからです。

私たちは普段何も意識せずに呼吸をしています。空気が存在して呼吸ができるのが「当たり前」だからです。これがもし、何らかの理由で空気がなくなったら、あるいは肺などの病気で自発的に呼吸をすることが困難になったら、それまでの「当たり前」がいかに貴重であったかと思うことでしょう。しかし、その当たり前を失うまでは、あって当たり前なのですからやはり意識などしないのです。

ですから、日常の仕事（＝プロセス！）を何とか頑張ってこなして結果を出している限り、それはできているのですから「できて当たり前」と思っていますし、当たり前のことをいちいち考えたり、ましてや変えることを考えたりするというのは、面倒くさいだけのことなのです。これがプロセスの習慣化です。

15

図：プロセスの習慣化

コラム スキルの習得プロセス

　たとえば「服を着る」や「あいさつをする」というのも能力、つまりスキルです。そしてスキルには習得過程があります。つまり、習得するためのプロセスが存在するということです。どのようなことであっても、物事が「できる」と言えるようになるには、それなりに「やる」ことが不可欠です。経験がスキルを作るのであり、量は質に転化します。

　しかし、「やる」ことが重要といっても「知らない」ことはやれません。ですから、まずは「知っている」という状態になる必要があります。このときにどのようにして「知る」のかというと、一般的には何かを見聞きすることで知識を得ることになります。いわゆる座学です。

　ですが「知っている」だけで何もやらないようでは当然ながら「できる」ようにはなりません。ですから「やる」ということを繰り返すことが必要になります。そして一度やったらいきなりできるようになるかというと、これもよほどの才能に恵まれていない限りは困難です。ですから何度も失敗を繰り返しながら徐々にできるようになっていきます。

　さて、この「知っている」だけの状態から「やっている」けど「できる」に至っていない状態の間に、徐々に知識は経験を通じて無意識に染み込んでいき、身体が徐々に勝手に動くようになっていきます。最初はいちいち意識しながら1つずつ行動していたのに、慣れてくるに従って意識しなくても行動できるようになっていきます。そしてついには「できる」に至って、完全に無意識のうちにしっかりと行動を遂行できるようになり、スムースに効率良く成果を出せるようになります。いわゆる経験曲線効果や学習効果などと呼ばれるものです。

　ところがこれが逆にいろいろと問題を招くこともあります。無意

識に身体が動くということは、言語化することがないということです。ですからどうしてそれができるのかを後輩などに伝えようとしてもうまく伝えられないということが往々にして起こってしまいます。ですから今度は単に「できる」に留まるのではなく、「理解している」という状態にまで進む必要が生じるのです。

　では「理解している」とはどのような状態でしょうか。具体的には「なぜ、自分がそれを"できる"のか、言葉で説明できる」という状態です。つまり無意識に染み込んでいる暗黙知を言語化・形式知化するということになります。この形式知化されたものを次の世代の「知らない」人が座学によってインプットすることで「知っている」状態になることができて、そして「やる」ということにチャレンジしていくことにつながるのです。「できる」だけならプロ顔負けのアマチュアが世の中にはたくさんいます。しかし、アマとプロを分かつもの、それはこの「自分のスキルをきちんと説明することができる」ところまで至っているかどうかではないかと考えます。

　ここで注意すべき点があります。「やっている」から「できる」の間を試行錯誤中の人は自分のスキルをうまく言語化できません。むしろたくさんの失敗を重ねることで語ることが恥ずかしかったり、語るレベルにはないと自己規定していたりする人が大勢います。要するに口下手の状態になるのです。しかし「知っている」だけでやったこともない人は、知識だけはあるので口は達者です。「理解している」人の説明をそのまま鵜呑みにしてオウムのように語ることすらあります。そうすると、それは一見「理解している状態に達している人」と勘違いされやすいのです。ですが、実践していない人は所詮は「知っている」だけです。

　成果を出さない・出せないうちは、成果を出すためのプロセスが不十分なのであり、人のスキルというものは反復によって鍛えられることでプロセスが磨かれていく以上、成果を常に安定して出すこと

が「できる」ようになるには、やはりそれなりの時間が必要になるということは、しっかりと承知しておくべきでしょう。

図：スキルの習得プロセス

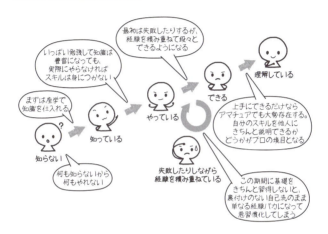

暗黙のうちに存在しているプロセス

かくして、日々何らかの結果を出し続けている以上、暗黙のプロセスが多数実施されているのは間違いないのですが、それはやっていて当たり前なので意識されることもなく、またプロセスの本質的な厄介さとして「プロセスは目に見えない」ために、その当たり前となっているプロセスが果たして良いものなのかどうなのかを把握することすら難しいのです。

プロセスは見えないので、各自がそれぞれに自分なりに工夫して頑張って毎日をしのいでいます。ところが、その当たり前に行っている大半のプロセスが「悪性・悪習慣」であるため、状

況はいつまでも好転することなく結果として何とかギリギリで回ってはいるものの、いつまでこんな状況が続くのか・続けられるのかというモヤモヤが解消しないのです。

コラム 自然発生的なプロセスの定着過程

　業務フローあるいはビジネスプロセスなどと呼んでいると、何となくレールのようなものがしっかりと存在していて、まるでその上を規則正しく物事が流れていくかのような印象を受けがちです。

　しかし実際には、そのような整然さとはおよそ真逆なものであると言えます。およそ事前に想定されているとおりには物事は進まないのが、実際に仕事をしている当事者の実感ではないでしょうか。

　実は業務のプロセスというのは、レールのようなしっかりとしたものではなく、むしろ何もないところを何度も通っているうちに踏みしめられてできていく、いわば獣道(けものみち)のようなものだと感じるのです。

　ルーティンワークというと単調でいつも安定的に変わり映えすることもなく、淡々と物事が進んでいくように思われますが、実際にはかなりアドホック（ad hoc：「その場しのぎの」「暫定的な」の意）なことが多く、毎回臨機応変な対処を求められたりします。むしろ創造的・クリエイティブとされるようなことのほうが、よく見ると同じ作業の繰り返しだったりします。反復によってスキルが鍛えられるというのは、そういうことなのでしょう。

　このルーティンワークはアドホックだったりするので、昨日まで通れた獣道が今日は通れないなどということも度々です。ですから、結果から振り返ってみればそこには1本の道筋がありますから、それを決まったプロセスだと言うことはできるのですが、やってみる

までは次回もまったく同じであるとは言えないのです。

　では、業務におけるプロセスとは何なのか。いつも行き当たりばったりなのか。そうではありません。仕事には何らかの達成したい・すべきことがあります。それを実現するためのルール集、言い換えると「掟」の集まりであると言えます。

　そしてことが起こるまでは、それらの「掟」は実は単なる期待・願望・指針でしかなく、現実がルールでさばけないようなときには、アドホックに新しいルートあるいはルールが設定されて処理・業務・仕事が進んでいくことになります。それは二度と通らない道筋かもしれないし、同じ事象が再び起これば、もう一度利用されるかもしれません。それを繰り返すうちに、まさにルーティンとして定着する「かもしれない」ものだと言えます。

　ですからプロセスというものを考えるときには、何となくとかこれまでそうだったから、という漠然としたものではなく、こういう結果を実現したいのだという意志を込めるということが、想像以上に大切なことなのです。

図：プロセスの定着過程

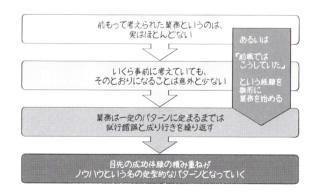

「悪性・悪習慣」化しているプロセス

■ プロセスが良くない状態になっているとき

では「悪性・悪習慣」化しているプロセスとはどのようなものなのでしょうか。

一般に次のような現象が起こっている場合、それはプロセスが良くない状態になっているとみなせます。

・悪循環している
・情報や物品の滞留が発生している
・情報伝達に不整合や欠損が発生している

ところがこれらは悪性プロセスの結果であって、そのプロセスそのものがどのようになっているのかは、個々人のレベルでは自分のことしか把握できません。プロセスとは言い換えれば「連携プレー」です。複数の人・部門の間でパスを回していくようなものです。それぞれが良かれと思って回しているパスも、俯瞰して全体を見渡す目線に立てば、無理や無駄を乱発していたりします。

図：サッカーのイメージ

■ ネガティブスパイラルの発生

それでも力んで無理を通せば、それに伴う問題が生じます。悪循環や滞留や不整合などの現象が起こると、さらにさまざまな弊害を招き、それらが連鎖していきながら、大きなネガティブスパイラルが生み出され回り続けるようになります。

まず、「仕事が締め切りに遅れる」「書類が積み上がる」「在庫が増える」など、物事の流れが滞るような事態が起こります。最初は些細なことのように感じられるかもしれません。しかし、それによって本来終わっているはずのものが終わらないという事態が引き起こされます。それを挽回するために、たとえば「お

詫びのメールを書く」などの、本来は不要であったはずの余分な作業を行う必要が出てきます。

そのような事態を今後引き起こさないためにという名目で、「確認する」という仕事が増やされます。すると確認したという成果を出す必要があるため、些細なことであっても過剰にミスとみなすようになっていきます。当然それはミスの多発と認識されます。そのミスを引き起こさないようにということでさらなる事前事後作業が追加されます。

そうするとやるべき仕事がどんどん増えていき、複雑化していきます。複雑化した仕事はなかなか他人にすぐに引き継げないものです。ですから、その人にしかできない仕事として属人化していきます。属人化が進むほどその人に仕事が集中すると、当然ながら全部を適切にさばき切れなくなり、仕事の滞留が起こります。かくしてまた締め切りに遅れたり書類が積み上がったりするなどして、物事の流れ、すなわちプロセスが停滞してしまうのです。

図：ネガティブスパイラル

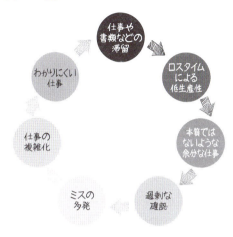

ネガティブスパイラルがもたらすもの

このネガティブスパイラルが引き起こすのが、

- 過剰な在庫の山
- 再利用されることのない書類の山
- 長時間稼働
- 高コスト体質
- 分断化された部門間連携と各部門のサイロ化
- 責任所在の曖昧化
- 苦情の多発

などであり、それらは最終的に意欲の低下へと至ります。そのような状況において「意欲の向上」を推進しても、そもそも構造的に消耗するようなプロセスになってしまっているのですか

ら、砂漠に水を撒くのと同じような顛末になるのは必然です。こ
れは意欲の問題ではなく、悪性のプロセスを当たり前としてい
る状態こそが問題の本質なのです。

▍問題解決もまたプロセスである

　このまま放置しておくと個々人のモヤモヤが増すどころか、
会社全体を無気力が蝕み、存続する意欲すら損ねかねません。で
すから問題解決に向けて取り組む必要が生じます。そして重要
なのは、問題を解決するためには「問題が解決した状態」とい
う結果に向けて過程を経ていく必要がある、すなわち問題解決
もまたプロセスであるということです。つまり「当たり前とし
てはびこっている悪性のプロセスを良性のプロセスに変える」
という「問題解決プロセス」を実施する必要があるのです。

　そのためには、まず「プロセスとはどういうものか」という
構造を知り、そして「どうすれば良質のプロセスを作れるか」
という手順を知る必要があります。これらを言い換えると「プ
ロセスの設計ができるようになる」ということなのです。

プロセス設計とは

「プロセスを設計する」とは

では「プロセスを設計する」とはどういうことなのか。それは次の3つを行うことです。

・出すべき成果を定める
・成果を出すために必要な仕事を考えて定める
・定めた一連の仕事を誰でも理解して実行できるように図示する

図：プロセス設計とは

そしてこれら3つに加えて、21世紀の現代においてもう1つ不可欠な要素があります。それは2番目の「必要な仕事を考える」に際して

・ITの活用を前提とする

ということです。これらについては、後ほど詳しく説明していきます。

　ここで、具体的な設計のあれこれについて説明する前に、改めて設計対象であるプロセスについて、今後は「面倒くさいもの」で済まさないようにしっかりと定義しておきます。

▌プロセスとは仕組みである

■ プロセス＝仕組み

　今後、本書においては「プロセス＝仕組み」と考えます。仕組みとは何かというと「仕事の組み合わせ」です。イメージとしてはピタゴラスイッチのようなものであると考えればよいでしょう。

■ プロセスリソース

　そして人間も機械もコンピュータも仕事をする、つまりプロセスを実行する一員です。カッコ良く言うと「プロセスを実行するリソース（資源）」ということになります。プロセスを設計するとは、リソースに対して行うべきプロセスを指示するということでもあります。

図：プロセスリソース

役者にとっての台本、ミュージシャンにとっての楽譜、コンピュータにとってのソースコード……、それらの仕事版が、いわば仕事におけるシナリオがプロセスであるということです。

プロセス設計の責任者は誰か？

　かつて米国でエンロン事件というものがありました。その結果、上場企業には内部監査というものが義務付けられるようになりました。いわゆる SOX 法です。これが日本にも入ってきて俗に言う J-SOX として上場企業にも適用されました。
　この SOX 法あるいは J-SOX は、端的に言うと社内の業務プロセスにおいて不正が発生しないようにいかに予防しているかについて

自主的に監査して報告しましょうというものなのですが、そうすると「不正の起こりにくいプロセスになっている」ことが求められることになります。そのため、一時期は業務フローの作成というのがちょっとしたブームめいた状態になりました。

　さて、このときに出てくるのが「このプロセスのオーナーは誰か？」ということです。言い換えると、「このプロセスの責任者は誰か？」ということになります。MBAにおいてプロセスに関する経営の領域は「オペレーション」に属します。そして米国企業にはCOO（チーフオペレーションオフィサー）という役職があります。ですので、プロセス＝オペレーションの責任者は最終的にはCOOということにすることができます。

　ところが、日本の場合は、CEOだCOOだといっても社長や会長の三文字翻訳がCEOで、会長がいる場合の社長や、社長に対する副社長のことをCOOなどと割り当てているだけというのが現実なので、従来どおりの部門ごとのいわゆるサイロ化・縦割り状態が当たり前です。一方で、プロセスは部門横断で、一筆書きあるいはパス回しを描くようなものです。ですから、「このプロセスの責任者は？」と問われても、どの部門の誰が責任を持つべきなのかが定まらないのが大半の実状です。

　ですから、当然ながらこのような状態のままでは「プロセスを設計しましょう」といっても、「誰が？」ということになりかねないのが現実だと言えます。プロセス設計における難しさの一部は、プロセス設計そのものの問題ではなく、組織的な実状に起因しているのだというのは、理解しておくほうがよいでしょう。

CHAPTER 03：プロセス設計とは

良質のプロセス設計がもたらすもの

　さて、これから頑張ってプロセス設計について学んでいくわけですが、プロセス設計を習得して実践したら、いったいどんな良いことが起こるのでしょうか。

　端的に言えば、今のモヤモヤがスッキリします。なぜこのような仕事が必要なのかが明瞭になります。誰と誰がどのように連携しているのかがわかります。何を改善していけばよいのか打ち手が明確になります。いわゆる標準化やマニュアル整備が進んで、お互いを信じて仕事ができるようになります。属人性を減らして引き継ぎをしやすくできます。本来不要な仕事から解放され、本当に大切な仕事に注力できるようになります。理想に向かって進んでいけるようになります。働き甲斐や意欲が実感できるようにもなるでしょう。

　一度に一気に一瞬でこれらがすべて叶うわけではありません。しかし、プロセス設計というスキルを習得して、それを実践したなら必ず成果が出ます。それは私がお約束します。

　モヤモヤをスッキリさせる問題解決プロセスを実現する。

　そのために良質のプロセスを設計する。

　そのためにプロセス設計のスキル習得プロセスを実行する。

　……さぁ、プロセスを巡る旅に出発しましょう！

第 2 部

プロセスの構成要素

CHAPTER 04　プロセス＝仕事の連なり
CHAPTER 05　評価と価値と対価
CHAPTER 06　心の仕事
CHAPTER 07　もしもの世界
CHAPTER 08　プロセスをどう表現するか
CHAPTER 09　マジカでプロセスを表現する
CHAPTER 10　マジカでサンプルを描いてみる

プロセス=仕事の連なり

　それが何であれ設計を行うためには、まずはその対象について詳細を知る必要があります。プロセスを設計するのも同様です。まずはプロセスを構成する個別の要素について知るところから始めましょう。

仕事の構造

■ 仕事とは何か

　プロセスとは仕組みであり、仕組みとは仕事の組み合わせです。では仕事とは何でしょうか。ここでは

何らかの成果と、
その成果を出すために行う活動
のまとまり

と考えます。たとえば次のようなものです。

「欲しい商品を注文する」
「受注した商品を出荷手配する」
「受けた電話の伝言をメモする」
「目玉焼きを作る」

図：仕事とは何か

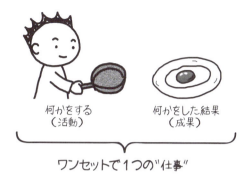

仕事の本質は変換

■「材料」を成果に変換するには「道具」「手順」が必要

　仕事は成果を出します。ではその成果は何もなくても勝手に生じるのでしょうか。

　たとえば目玉焼きという成果を出すのに、何もない部屋でじっとしていれば勝手に目玉焼きが現れるかというと、そんなことはありません。もととなる「材料」が必要です。目玉焼きであれば卵です。

　では材料さえあれば勝手に成果になってくれるでしょうか。

　机の上に卵を置いておきさえすれば目玉焼きになるでしょうか。いいえ、フライパンや油やガス台などの「道具」が必要です。そしてちゃんとした「手順」でそれらの道具を使って具体的なアクションを行う必要があります。その結果、材料は成果に変換されます。

図：成果を出すための3要素

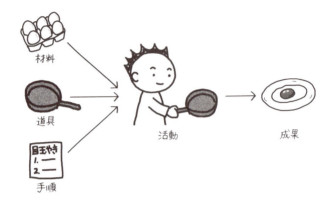

■「状態の変更」による成果への変換

　また、変換には「状態の変更」というものもあります。たとえば「検査をする」という仕事はその典型です。検査前と検査後では、材料も成果も客観的にはまったく変化がなくても、検査するという活動の成果として検査済みの状態になっているものには「これは大丈夫なものである」という安心が付加されたとみなせます。

図：検査の例

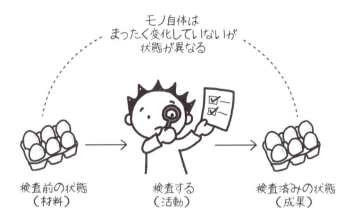

仕事を行うタイミング

　では、その仕事はいつ行うのでしょうか。仕事を行うタイミングは大きく2つあります。1つは「他からのリクエストがあったとき」で、もう1つは「ある条件を満たしたことを検知したとき」です。

■ 他からのリクエストがあったとき

　1つ目の「他からのリクエストがあったとき」というのは、たとえば「目玉焼きを作って」と依頼された場合や、「注文を受けたとき」「電話を受けたとき」などのような、他人がきっかけ（イベントトリガー）となる場合です。

図：他からのリクエストがあったとき

■ ある条件を満たしたことを検知したとき

もう1つの「ある条件を満たしたことを検知したとき」というのは、「お腹が減った」と感じて目玉焼きを作ろうと思ったときや、「この商品が欲しい！」と感じたときなどです。そしてこの「ある条件」には自分のフィーリングだけでなく、たとえば「朝7時になった」から朝食として目玉焼きを作るというものもあれば、「トイレットペーパーの残りが1つになった」からトイレットペーパーを買いに行くという仕事をするなどの場合もあります。

図：ある条件を満たしたことを検知したとき

　実は、1つ目の「他からのリクエストがあったとき」というのは、さらに「他からのリクエストを受け取ったことを検知したとき」というふうに言い換えることもできます。

■ 仕事に必要なものを揃える

　先ほどの「材料」「道具」「手順」に加えて「条件」が揃ったとき、仕事を行うことができるわけです。逆に言うと、リクエストがきても材料がなければ仕事はできないですし、手順がわからなければ他のすべてが揃っていても活動ができませんからやはり仕事として成果を出すことができません。注文がきても商品がなければ出荷手配という仕事ができないことになります。

　では、それらをどうやって揃えればよいのでしょうか。それ

はつまり「この仕事を行うために必要なものを揃える」という仕事が別途、必要になるということです。

仕事の連鎖

■ ある仕事に必要なものを用意するための仕事

このように、仕事は1つで完結するわけではなく、ある仕事に必要なものを用意するための仕事というものが存在します。そうすると、その仕事の成果は、別の仕事をするときに必要なもの、なのですから、その仕事を行う前の時点で成果を出していないと困ります。そのような時系列の前後関係を整理すると、仕事は連鎖していることがわかります。

そうです。この連鎖こそがプロセスです。場合によって、業務フローや工程や段取りと呼んだり、プロトコルやプロシージャなどと呼んだりします。しかし、いずれも同じこと、すなわち仕事の連なり＝プロセスを表しているのです。

図：仕事の連鎖

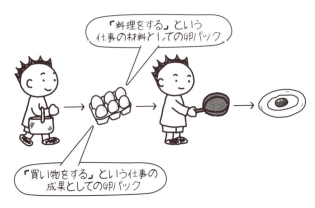

CHAPTER 04：プロセス＝仕事の連なり

　この連鎖の中で必要な仕事が漏れていると、後の仕事が立ち行かなくなるということが注意すべき重要なことであり、そうして必要な仕事が漏れていると仕事が進められなくなります。仕事が進まないということは滞留を引き起こすということであり、仕事の滞留はネガティブスパイラルを招来するきっかけとなってしまうということなのです。

注文を作る

　さて、「その仕事を行うために必要なことを用意する」ということを考えると、必要なものの1つとして「注文（依頼）」があるのですから、その注文を作るという仕事も当然必要です。コックさんが顧客からの注文もなしに片っ端から店内の材料を使って料理していたら、大赤字で困ります。プログラマが要件にないソフトウェアを丁寧にプログラミングしていても困ります。注文を作るという仕事があって後工程が機能しますし、その成果としての注文の品質が低ければ後工程が仕事を行えないのも事実なのです。

　では、この「注文を作る」のは誰でしょうか？ たいていの場合は顧客ということになります。では、顧客は私たちと一緒に仕事をしているのでしょうか？ そういうわけではありません。顧客は私たちの意志や気持ちとは無関係に、顧客自身の都合や思惑に基づいて行動しています。ですが、その行動があって初めて私たちの仕事が成立するのです。この顧客と自社との間の連鎖については、カスタマーエクスペリエンスというテーマで後ほど改めて詳細に考えます。

41

図：注文を作るという仕事

■ 材料や道具を調達する／作業の手順を整える

また、注文を揃えるのと同様に材料や道具を調達するという仕事も必要ですし、作業の手順を整える仕事も必要です。手順については単に手順書があるだけではうまく作業ができないこともあるでしょうから、「手順を習得する」という仕事が必要になることもあるでしょう。1つの仕事が成果を出すために、実は多くの仕事を必要とするのです。

CHAPTER 04：プロセス=仕事の連なり

図：調達という仕事

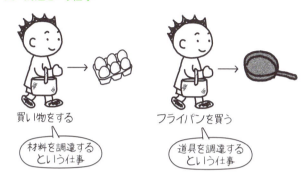

図：習得するという仕事

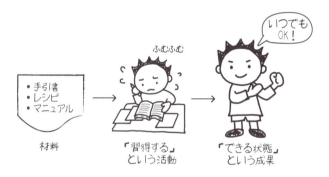

コラム 手順書の正体

　勘の良い方であれば、仕事に必要な手順書を作るというのが、まさに本書のメインテーマである「プロセスを設計する」ということであることに気がつかれていることでしょう。そして「プロセスを設計する」という仕事の成果である「プロセス設計書」こそが手順書そのものであり、連鎖していくのであるということを理解すると、より一段と視座が高くなるのを感じられることでしょう。

図：プロセスを設計する→手順書→習得する

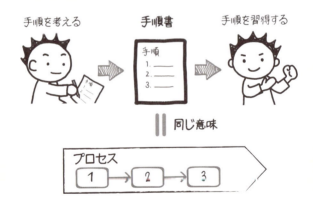

受け渡しと保管とピックアップ

■ 成果を後工程につなぐ「受け渡し」

さて、仕事は連鎖すると言いましたが、勝手に連鎖してくれるわけではありません。やりっ放しではだめで、成果を後工程につないでいくということが必要になります。そこで発生するのが「受け渡し」という作業です。

図：受け渡し

■ 成果物の「保管」と「ピックアップ」

このように直接やり取りをする場合もあれば、前工程の側がどこかに成果物を「保管（ストア）」しておき、別のタイミングで後工程がそれを「ピックアップ」することもあります。これによって結果として受け渡しを実現する場合もあります。

図：保管とピックアップ

■ ピックアップを行うタイミング

　さて、ピックアップについては重要な点があります。それは「いつピックアップを行うか」です。たとえば、「買い物をする」という仕事の成果として生卵を買ってきたとして、それをすぐに使うのでなければ当然冷蔵庫に保管するということになります。ところがこの生卵をいつまでも保管したまま放置しておくと、当然ながら使いものにならなくなってしまいます。必要なときに卵がないと困りますが、あったとしてもピックアップの時点で腐っていては意味がありません。

　生卵は腐るのでたいていの方はシビアに考えるでしょうが、腐ることのない書類やデータなどは書庫やデータベースに保管しっ放しということも多々見受けられます。また製造業においては急な注文に対応すべく、ともすれば材料や仕掛品の在庫がだぶつきやすくなりがちですが、それらもあまりに長い間放置

しておくと経年劣化で使いものにならなくなってしまうことも
あります。とりあえず保管しておけばよいという安直な考えに
陥らないように注意すべきです。

「良質のプロセス」を考えるために

　……と、ここまでで、仕事およびその連鎖としてのプロセス
の基本要素については一通り説明しました。ですのでこれまで
の要素、すなわち

・活動と成果
・材料、道具、手順
・実行条件
・受け渡し
・保管とピックアップ

について意識すれば、基本的にはプロセスを描くことができる
ようになります。しかし、「良質のプロセス」を考えようとする
のであれば、まだもう少し知っておくべき要素がいくつか存在
します。価値という観点から引き続き見ていきましょう。

47

評価と価値と対価

価値とは何か

■ 価値は「評価」という仕事の成果

「価値のある仕事をしなさい」などと言われたりします。「仕事には付加価値が重要だ」などとも言われます。では価値とは何でしょうか？ 実は仕事自体には価値はありません。価値とは「評価する」という仕事の成果として定まるものだからです。

図：評価するから価値が定まる

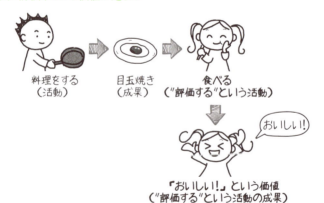

■ ポジティブな価値とネガティブな価値

ここで重要なのは、価値とは必ずしもポジティブなものだけとは限らないということです。この図では「おいしい！」という価値が得られていますが、逆に「まずい！」という評価の成

果もまた1つの価値の有様なのです。また評価するのが自分であれば、その成果は自己評価による価値です。しかし、一般的には受益者・顧客による評価こそが重要でしょう。

評価という仕事

材料は「価値を評価する対象」

さて、「評価する」のも仕事である以上、材料が必要になります。ではその材料とは何か。当然ながら「価値を評価する対象」が材料となります。ではその評価対象という材料はどこから現れるのか。そう、前工程の成果こそが材料となります。ですから、評価するという仕事の成果として評価対象の価値が定まったときに、その評価対象を成果として生み出した仕事の価値が間接的に決まるのです。

図：評価対象の価値がそれを生み出す仕事の価値となる

■ **評価基準を知って仕事の段取りをする**

　ということは、「価値ある仕事をしなさい」という言葉を現実にするのであれば、まずは後工程となる「評価する」という仕事における評価基準などを調べておき、その基準をクリアするために必要な手順などを考えて、それから仕事に取り掛かる必要があるということです。

図：評価基準を知ってから必要な仕事の段取りをする

　これは、言い換えると「納品検収条件」（検収：受け取りの際に行うチェックのこと）をまずは知るということであり、さらに言い換えると「成果の要件を定義する」ということになります。その要件に基づいて必要な仕事を行うということです。

■ **誰がどのように「価値」を決めるのかを知る**

　先ほど「注文を作る」という仕事について述べましたが、顧客の側が自分で注文＝成果に求める要件をしっかりとまとめてくれればそれに応えるだけで済みます。そうでなければ顧客と

しっかり相談したいところです。しかし相談ができないことも多々あります。その場合は「要件を予測する」という仕事が必要になります。

図：3種類の注文確定方法

・顧客が決めて全部伝えてくれる

・顧客と打ち合わせして一緒に決める

・顧客の気持ちを予測してこちらが決める

コラム 伝わらない気配りと気づかない不満

　製品・商品やサービスを提供する側はプロであり専門家です。たいていの場合は顧客よりもその製品などについて詳しいものです。ですから、顧客に対しての気配りのつもりで細部にこだわったりしています。しかし、そのこだわりは同業でしか気づかない・気づけないものであることも多く、結果として「ここまで気を配っているのに！」といささか残念な、報われない気持ちになってしまうことも多々発生します。

　一方で顧客の側からすると、「どうしてこれくらいのことに配慮してくれないんだ」と不満を持っていたりすることも結構多いわけですが、この部分について提供側が気づいているかというとそれはまったくの盲点だったり、あるいは気づいていても別に大したことではないという専門家的な判断で切り捨てていたりすることもあります。

この状態はどちらがどうという是非は何とも言い難いのですが、これらが過剰品質と機会損失という状況につながっているというのは意識したほうがよいですし、ではどうすればいいのかということについては、「何がどうなればいいのか？」というゴールに対する意識が不可欠なのだとは間違いなく言えます。

図：伝わらない気配りと気づかない不満

良質なプロセスを実現するためには、価値ある成果を出すプロセスでなければなりません。では、「価値がある」ということを決めるのは誰なのか。それはどのようにして決定されるのか。まずそれを押さえてから逆算して考えていかないと、頑張っているのに価値を認めてもらえないという状態になって、ネガティブスパイラルを引き起こすことになってしまいます。まず

は「誰が価値を決めるのか」「その基準は何がどうなることなのか」ということを意識する必要があるのです。

対価と支払い

さて、評価によって決定した価値には、まさに言葉のとおり価値に対しての対価が発生します。前述のとおり、価値にはポジ・ネガの両方向がありますから、対価もまたポジ・ネガの両方が発生します。「おいしい！」というポジティブな価値には、代金に加えて「ありがとう！」の言葉も対価として得られるか

コラム プロは対価で生きていく

　成果を出すためにはプロセス（過程）が不可欠です。ですから、いかにプロセスを良くするかという How to にどうしても目がいきがちです。そうするとプロセスに対する取り組み方、端的に言えば「頑張り」を発揮することになり、それに対してやはり報われたいという思いが生じるのは人情です。

　ですが、自分が顧客の立場のときを思い返せば、別に提供側の人に頑張ってほしいわけではなく、支払い予定の対価に対して納得できる成果を提供してもらえればそれで十分満足するのです。ですから、プロセスに対する頑張りというのは決してそれ単独で売り物にする・なるものではなく、やはり成果で評価されその対価で生きていくのだと考えるべきでしょう。その成果をいかに頑張らずに生み出すかというのがプロセスに対して創意工夫を凝らすことを頑張るということになるのだと考えます。

CHAPTER 05：評価と価値と対価

もしれません。一方で「まずい！」というネガティブな価値に
はクレームというネガティブな対価が生じる可能性もあります。
いずれにせよその対価こそがプロセスの最終的な価値評価であ
ると言えるでしょう。

この対価について「対価の支払いをする」という仕事が顧客
に実行されることで、ひとまず注文〜成果の提供〜評価〜支払
いという一連のプロセスは完了を迎えることになります。

効果とか影響とか

■ 情報を受け渡しするという連鎖のプロセス

昨今では「口コミを狙って」などという取り組みもあります。
口コミとは、要するに誰かが別の誰かに何かを伝えるというこ
とです。つまり情報を受け渡しするという連鎖のプロセスにな
ります。これらは従来では派生的あるいは副次的なプロセスと
されてきました。つまり自然発生的なものなので、コントロー
ル対象ではないという考えです。

しかし、「狙って」ということであれば、コントロールするこ
とを考えなければ実現はできません。これは口コミに限らず「リ
ピートしてもらう」「他のものも買ってもらう（アップセル）」
というようなことでも同じです。

■ KPI へのプロセス

これらは KPI（Key Performance Indicator、主要業績評価指
標）として掲げられたりしますが、それらの指標は自動車の
スピードメーターと同じで現象を測定して数値化したものにすぎ

55

ません。ですから、単に「KPI（たとえば口コミ）をアップさせよう！」と狙ったところで、「測定する」という仕事をきちんとしなければなりませんし、その「測定する」という仕事の材料となるのは何かということを押さえて、その材料を成果として生み出す仕事は誰が何をどうすることなのか……というような連鎖を逆算して描かなければ、決して最終的なKPIが意図どおりに動くことはありません。

　この手の影響をコントロールしたいという願望系（とあえて言いますが）プロセスの設計については、最終結果以外を蔑ろにして部分ごとに断片的に取り扱う傾向がありますが、必要なパーツの欠けた状態できちんと動く仕組みなどはないのであって、そもそもコントロールが難しい対象なのだという意識を持って丁寧に考える必要があります。

図：KPIへのプロセス

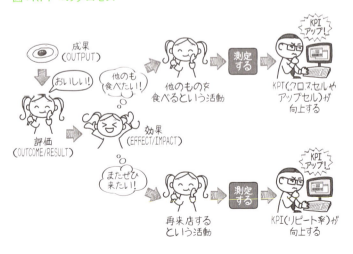

心の仕事

顧客からの注文は相手次第

　さて、「注文する」にしても「口コミする」にしても、これは業務として行うわけではありません。もちろん調達・購買部門が仕入先／購買先から材料や資材などを仕入れるために注文するということはありますし、これらは制御されたプロセスの一環として実施されるわけですが、一般的な顧客からの注文については、それが個人であろうと法人であろうとこちらの意図どおりには決してならず、相手次第なのはいたしかたないことです。それゆえに営業マンという職能は古今東西苦労しており、営業プロセスというものについては実に多種多様な手法・方法論が試され続けているわけです。

「顧客が注文をする」という仕事

■「決心」するから「注文」する

　では、ここで「顧客が注文をする」という仕事について、もう少し考えてみましょう。「注文をする」というのも仕事ですから「材料」「道具」「手順」が必要になります。ここでは道具や手順についてはいったん脇に置くとして、この場合の材料とは何でしょうか。さまざまなものが考えられます。商品に関する情報、価格、実績、モノによっては営業マンの説明などなど……。これらが必要な分だけ揃ったら、顧客は必ず注文してくれるで

しょうか。

　逆に考えましょう。注文をするという仕事はいつ実行されるでしょうか。つまり仕事を行う条件は何かということです。その条件は「よし、注文するぞ！」と決心したときでしょう。つまり「決心する」という仕事の成果として「注文するという仕事を実行する条件を満たす」ということが起こるわけです。

図：決心するから注文する

■ **いつ決心するのか**

　では「決心する」のはいつでしょうか。決心するその前に、「悩み、迷い、考える」という段階があるでしょう。悩んで迷ってそして考えているうちに自分の中の何らかの条件を満たしたとき、「よし！」と決心することになり、その決心するという仕事の成果として注文するという行為に至るわけです。

　ここで重要なのは、外から見えるのは具体的なアクションである「注文する」だけですが、そこに至るまでに心の中でいくつかの仕事をしているということです。つまり心の中にもプロセスがあり、その心の中のプロセスの成果こそが具体的な行動である「顧客が注文をする」という仕事なのです。

図：聞く・知る〜心の中のプロセス〜注文する

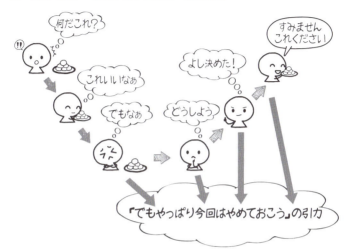

決心までに至る心の中のプロセス

　この心の中のプロセスでは「決心しない」ということもあり得ます。このときに「判断する」という仕事の材料として、これまでの人生の経験だったりそこで得た知見・ボキャブラリーだったり育まれた価値観だったりも利用されます。それらは脳のどこかという保管場所に保管されているものです。保管されているということは、別のタイミングでいろいろなことがあって、その中で「脳に保管する」などの仕事がきっと行われているのでしょう。

　この脳内のプロセスについては諸説いろいろとありますし、ここではそこに深入りするつもりもありません。ですが、顧客はこちらの都合に従う義理や義務がなく、その心の中のプロセ

スの成果として行動をするのだということはしっかりと理解しておく必要があります。

　つまり相手が顧客であれ自社の人間であれ、「誰かに何かをしてもらいたい」のであれば、それを「するぞ！」と決心するに至るまでの心の中のプロセスが必要となるのであり、機械と違って人間は感情を持つからこそ、強いられて決心することは難しいことであり、仮にそれを無理強いしたとしてもその成果としての具体的なアクションが期待どおりの動きになるとは限らないということを銘記すべきなのです。見えていないだけで、相手は心の中でいっぱい仕事をしているんだということを忘れないようにしましょう。

CHAPTER

07

もしもの世界

多種多様なニーズに応えるプロセス

　ここまでは基本的に物事が順調に進むという前提で説明をしてきました。しかし、現実はなかなかそんなにうまくいくばかりではありません。仮に順調であっても、それが常に単純・単調なプロセスばかりでもありません。

　世の中には多種多様な人たちがいて、それぞれに多種多様なニーズがあります。その需要に応えることでビジネスが成り立つのですから、多種多様なプロセスが必要になりますし、それは自ずと複雑なものにもなりがちです。

　では「複雑なプロセス」とはどういったものでしょうか。それは「場合（ケース）別にやることが似て非なるものになる」というものです。

もしもの場合に備えるプロセス設計

　また、類似のパターンで特に IT 屋さんが気にするものとして「例外処理」と呼ばれるものがあります。「もし請求書に不備があったらどうするのか？」というようなものです。

　これらはいずれも「もしも A が B だったら」という表現ができます。たとえば

61

- もしも顧客が大人だったら
- もしも顧客が子どもだったら
- もしも請求書が不備の状態だったら

のようになります。

　これらについても、しっかりと考慮しなければ良質のプロセス設計を行うことはできないわけですが、この「もしも」というものはプロセス設計の応用編でもあります。ですので、もう少し基本形の話を進めたうえで後ほど改めて説明します。

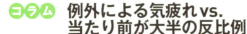

コラム　例外による気疲れvs. 当たり前が大半の反比例

　いろいろな会社や組織などに赴いて業務フローの作成支援などをしていると、いろいろな方が「いかにこの仕事がややこしくて大変か」というお話をする場面によく遭遇します。

　この場合の「ややこしい」は、たいていの場合は「例外処理」と呼ばれるようなケースのことで、その対応が面倒くさいということが大半です。なので、ヒアリングしながらプロセスを描いていくと、1つの業務に対して実に多くの例外処理のバリエーションを作成したりします。

　ところがこのような場合に往々にして発生するのが、「ごく一般的な普通の場合の処理」が抜け落ちるということです。あまりにも当たり前すぎて当人の意識からすっぽりと抜けているのです。では普段はどうなのかというと、実は日常の大半、8割ほどはその「普通の処理」に携わっているのです。ですが、普通の処理はさほどイライラし

たりすることもないので、ヒアリングのときには取り立てて言うこともないとして脇に追いやられてしまい、心の大半を占めている気疲れ・イライラモヤモヤを優先的に語っているのです。

よく「口は1つ。耳は2つ。自分が話す倍ほど相手の話を聴こう」などという訓話があったりしますが、それ以上に目も2つあるわけですし、相手の語ること以上に実際に現場でどのような行動をしているかということを見るのは、とても重要なことだと言えます。

図：例外による気疲れと当たり前が大半の反比例

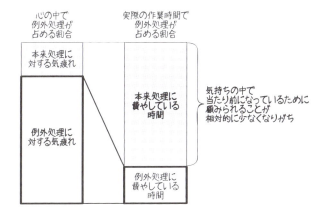

プロセスをどう表現するか

仕事の入れ子構造

　さて、ここまで仕事の構造や連鎖について説明してきましたが、仕事が成果の単位に伴う活動のまとまりであることを思うと、大きな成果を出すためには相応の量の活動が必要になります。そこで仕事を把握しやすいように、いわゆる入れ子の形でプロセスを描く場合があります。

　たとえば、「コース料理を提供する」というプロセスは、大小さまざまな成果の複合体を作る巨大な仕事です。当然ながら一発で成果を出せるわけではありませんから、仕事を小分けに（ブレイクダウン）して段取りを踏んで進めていくことになります。この小分けにして、それぞれ小さなプロセスを別立てで考えていくという方法は、今後随所で出てきます。

図：仕事の入れ子構造

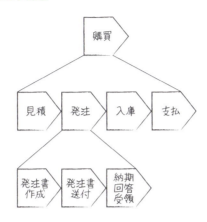

プロセスを表現する

■ プロセスを図示することが大切

さてここまで、プロセスを設計するにあたって知っておくべき要素について説明してきました。プロセスを設計する際にはこれらの要素について考える必要があります。しかし、考えるだけでは設計したとは言えません。プロセス設計とは何かというと

・出すべき成果を定める
・成果を出すために必要な仕事を考えて定める
・定めた一連の仕事を誰でも理解して実行できるように図示する

ことです。

ですから頭の中で考える（心の中のプロセス！）だけでなく、特に誰でも理解して実行できるように図示するということが大切です。図示すると、視覚を通して自分自身の思考へのフィードバックを行えるようになるため、プロセス設計のクオリティも大きく向上します。そこで「プロセスを適切に表現する表記法（ノーテーション）」が必要になります。

■ プロセスの表記法

　プロセスの表記法は、実にさまざまなものが考案・提唱されています。たとえば次のようなものがあります。

・BPMN（Business Process Modeling Notation）
・産能大式
・ARIS
・JIS フローチャート
・拡張 UML（Unified Modeling Language）
・PFD（Process Flow Diagram）
・その他いろいろ

　これらはそれぞれに利点があるのですが、これまで説明してきた要素を明確に扱うにはいずれも多少工夫しなければならない点があります。そこで本書では「マジカ」という表記法を使って説明します。

66

CHAPTER 08：プロセスをどう表現するか

マジカとは

「マジカ」とは、業務フローを描くに際して、専門知識がない人であっても誰でも手軽かつ気軽に取り組めて、あっという間に描けるようになって、すらすらと手早く描き上げられるようにする、ということを目指して2004年に誕生した、カード型であることが特徴の表記法です。

マジカとはマジックカードの略で、そもそもは名無しの手法にすぎなかったのですが、とても気に入ってくれたユーザさんがぜひ名前が欲しいということになって話をした際に「まるで魔法のようにすらすらと描けちゃうんだよね」と言われたことから、魔法のように描けるカード、転じてマジックカードを略して「マジカ」と命名されました。

ビジネスプロセスや業務フローを早急に描かなければいけないのだが、従来の手法やツール・表記法ではうまく進められないというような状態で行き詰った方々の最後の駆け込み寺的な存在として、地味に、しかし広く利用されています。

マジカの特徴や詳細はサイト「マジカランド」（**URL** http://www.magicaland.org/）をご覧いただくとして、本書では「マジカ2017もちバージョン」（本書執筆時点での最新版）を使って、プロセスの表現方法を説明します。

67

コラム マジカのこといろいろ

　マジカは2004年に生まれた「誰でも気軽に簡単に、業務フローを描くためのツール」です。具体的には十数種類の穴埋め式のカードです。

　マジカの誕生までさまざまな手法でとても多くの業務フロー図を描いたり、あるいは描いてもらったりしてきたのですが、どの手法にも一長一短があり、なかなかうまくいかないのが実態でした。

　具体的には次のような問題があります。

・一見して、描き方がわからない
・描き方がわかっても、描くのが面倒くさい
・本業が忙しくて、描く時間がない
・自分の仕事以外のプロセスについては、わからないから描けない
・描いていて楽しくないので飽きる
・描く人によって、描く細やかさ・粒度がバラバラになる
・頑張って描いても他人の描いたものは読みづらい・わかりづらい
・パッと見て目が泳いでしまい頭に入らない
・ごちゃごちゃしているのを見ると、それでよい気がしてしまう
・詳細まで見るのが面倒で、ついわかった気になってしまう

などなどです。
　これらの問題を解消して、

・描きやすい
・細かさが揃っている
・自分の仕事だけ描けばOK
・暇なときにちょっとずつやれる

・描くのが楽しい

・できあがったものを読み返すのが嬉しい

・他人の描いたものを見せてもらっても読みやすくわかりやすい

・細かいところまでしっかりとチェックしやすい

というようなことを実現するために生まれたのがマジカです。

　これらを実現するためにマジカでは

・描く内容に迷わないように穴埋め式にする

・矢印を描かずに済むようにカードを並べる方式にする

・描いたり読んだりするのが楽しくなるように、とにかく可愛くする

・自分の担当分だけ描けば、それぞれのつながりを検出して全体のプ
　ロセスを仕上げることができる

・カードの種類と配置の原則で、描くべき内容が漏れないようにする

・キャラクターを配置することで、やっていることをイメージしやす
　くする

・キャラクターに表情をつけることで、興味・関心を維持できるよう
　にする

・人間系とコンピュータ系の区別を明確にする

などの工夫を織り込んでいます。

　誕生以来10年以上の間にいろいろな紆余曲折を経て着実にバー
ジョンアップを繰り返してきた結果、また無償配布であることから
非常に多くの事例が生まれており、「いろいろな手法を試してみたけ
どなかなかうまくいかなかったが、これならできると思った（とある
自治体の福祉BPRにマジカを全面採用されたご担当の方の談）」と
言っていただけるなど、いわばプロセス作図に困ったときの駆け込
み寺的な存在として浸透してきました。

　業種も製造業や自治体や病院などを中心に幅広く利用されており、

対象業務も経理・総務系のいわゆるバックオフィス系事務はもちろんのこと、生保の営業プロセスや農協の基幹系などにも利用されています。

　もちろん本書の考え方はマジカに限定したものではありませんし、他の手法で問題なく運用できるのであればそれでよいのですが、本書にまとめた考え方の多くは、マジカによって膨大な現場に向き合うことが容易になったことで知見が得られるようになった成果でもあります。

　従来の手法ではどうも今ひとつしっくりこないとか、なかなかみんなを巻き込めないというような場合には、ぜひマジカの利用もご検討ください。

CHAPTER 09

マジカでプロセスを表現する

活動と成果

　プロセスは仕事の連鎖です。そして仕事は活動＋成果でワンセットです。マジカではこの活動と成果の各要素に対して、それぞれにカードを用意しています。

図：活動カード

図：成果カード

材料と道具と手順

仕事には材料と道具が必要です。マジカにはそれぞれに応じたカードが用意されています。

図：材料カード

図：道具カード

仕事には、材料と道具以外に手順も必要です。その手順を表しているのが、今まさに説明しているマジカで描いたプロセスの図そのものになります。ですからマジカでは手順カードのようなものは用意していません。

受け渡し

　プロセスは仕事の成果を受け渡しすることによって連鎖します。マジカではこの受け渡しについて、モノを受け渡しする場合と、メッセージのみの伝達の場合とに分けて、それぞれにカードを用意しています。

図：受け渡しカード

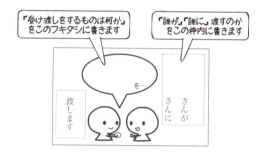

図：伝達カード

実行条件

仕事を行うタイミングは2つです。

1つは他の誰かからリクエストされたときです。これは先ほどの受け渡し・伝達で表現することができます。ただ、実際の現場では「依頼されたら」という受け身の表現が多用されることも多いので、受け渡しカードの反転版として「受けたよカード」も用意しています。

図：受けたよカード

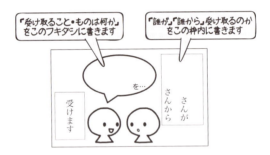

もう1つのタイミングである、ある条件を満たしたことを検知したときを表現するために、マジカでは「できごとカード」を用意しています。

図：できごとカード

保管とピックアップ

　成果は常にリアルタイムで受け渡しされるのではなく、一時的にどこかに保管されて別のタイミングで取り出されることでプロセスが連鎖していくこともあります。マジカでは保管を「置いとく」、ピックアップを「持ってく」として、それぞれカードを用意しています。

図：置いとくカード

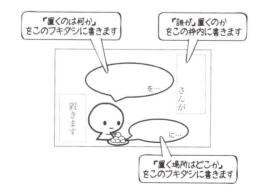

図：持ってくカード

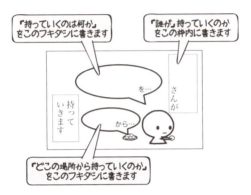

もしもの場合

　複雑なプロセスにおける場合分けや例外処理などを表現するときに、「もしもAがBならどうする」ということを描く必要が出てきます。その場合のためにマジカでは「もしもカード」を用意しています。この場合は、別のストーリーを用意して、そのストーリーに続くという流れになります。

図：もしもカード

バリエーションについて

　ここまでのカードを組み合わせるだけで、基本的にはあらゆるプロセスを表現できるはずです。しかし実際に現場でいろいろな人と一緒にプロセスを描いてみると、もう少し細かく具体的な表現をしたくなるときがあります。そこでマジカではいくつかのバリエーションを用意してあります。

■ 活動のバリエーション

　仕事の活動を表現するには「活動カード」でよいのですが、たとえばパソコンを使った仕事やスマホを使っているなどというのは、特にIT化を検討・推進する場合に強調して表現したくなります。そこでマジカでは3種類のデバイスについて利用の表現ができるカードを用意しています。

図：PC 利用カード

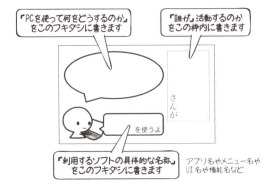

図：スマホ利用カード

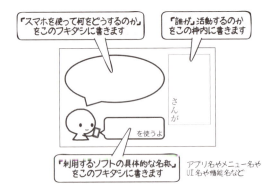

図：タブレット利用カード

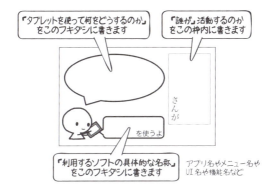

また、訪問先や窓口での顧客への説明や聞き取りなど、相手とやり取りするのが仕事の場合もあります。その場合には「やり取りカード」を使います。

図：やり取りカード

■ 技ありカード

　活動カードで表現すると単純な一言になってしまう仕事であっても、実際にはさまざまな創意工夫を凝らしているケースが多々見受けられます。これらは現場の知恵でありノウハウであり、やはりきっちりと拾い上げたいものです。そこでマジカでは「技ありカード」を用意しています。

図：技ありカード

■ 成果のバリエーション

　活動と同じように成果についてもバリエーションがあります。
　いささかベタな例ですが「マジックをする（活動）」→「ハトが飛び出す（成果）」→「観客が驚く」という場合、このプロセスの狙いは最後の「観客が驚く」です。本来であれば、この驚くというのは「評価する」という仕事であって、具体的には「ハトが飛び出すのを鑑賞する（活動）」の成果ということになります。しかし、これはいかにも迂遠であり、また実感ともかけ離れています。そのような場合のために「状態カード」を用意し

ています。これを使うことで、次のように表現することが可能になります。

図：状態カード

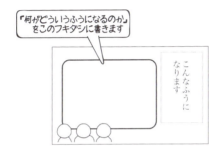

図：3枚のカードで活動→成果→狙いを表現する

心の中について

　心の中のプロセスについても、必要であればやはりきちんと図示したくなるものです。そこでマジカはいくつかのカードを用意しています。

図：もやもやカード

図：感じるカード

CHAPTER 09：マジカでプロセスを表現する

図：考えカード

図：決心カード

図：ごきげんカード

図：ふきげんカード

その他いろいろ

マジカには他にもいろいろな種類のカードがありますが、それらは今後必要に応じて説明していきます。

CHAPTER 09：マジカでプロセスを表現する

能動態で書くことを強く意識する

　日本語はややこしいなどということがよく言われます。実はこれは、中学・高校・大学そして社会人と大人になるにつれ、言い回しが達者になることに由来します。

　たとえば、「明日に希望を！」などという表現がありますが、明日に希望をどうするのでしょうか。捨てるのでしょうか。先送りにするのでしょうか。持つのを諦めるのでしょうか。何となく雰囲気で言いたい気分が伝わらないわけではありませんが、どこまで行っても受け手の側の推測にすぎないとも言えます。あるいは「明日への希望」なども同じような表現です。明日への希望をどうするのでしょうか。食べるのでしょうか。

　しかし、これが「明日に希望を持つ」となると、「ああ、希望を持つのね」と一定のレベルで理解の共有が可能になります。英語の文法でSVO（主語＋動詞＋目的語）ということが言われますが、オトナ語化した日本語ではこのV、つまり動詞の省略が実はかなり多いのです。逆に言うと、「見積金額を計算する」というふうにVOを明確に書くと、コドモっぽく見えて・見られてしまうという面があります。そのため、ビジネスの現場には、大人らしく見せるためのもっともらしい文章（この例だと「見積金額計算」「見積実施」など）をこねくり返した表現があちこちに散乱しているのが実態で、そのために特にIT化の現場などでは言葉の解釈で右往左往して多大なロスを招いているというケースも実際に数多く存在します。

　また一方で、ものすごい量で使われているのが「受動態」、つまり受け身の文章です。「ボタンが押されたら」などという表現はそれこそ山のように見かけるのですが、このときの主語は何なのかということです。「ユーザがボタンを押したら」と表現すればよいところを

わざわざ主語を省略して受動態にするケースが本当に多いのです。

　これらが組み合わさることで、「書き手が言質を取られないように防御しつつ、読み手の解釈に幅を持たせて、場の雰囲気で何となく運用する」という、いわゆる「行間を読む」文章が蔓延します。よく「カタカナ語を使うな」などと言われたりもしますが、そう言っている本人が話したり書いたりしている言葉もオトナ語が多く、解釈を曖昧にさせるような言い回しをすることで保身を図っていたりすることも散見されます。これらが物事をややこしくして、組織間の対立を無闇に高めたりプロセス間連携の効率を著しく低下させたりすることにつながっていたりします。

　世はグローバル時代と言われます。ストレートに誤解なく伝わる表現にするために、「○○を△△する」というふうにしっかりと明記するくせをぜひつけてほしいのです。極端な話、子どもでもわかる文章に徹して当然だと感じるくらいの「コミュニケーションミスに伴う逸失コスト」に対する敏感さを持っていただきたいのです。

　ですから、マジカにおいては、どうしても多発する「誰ソレから何々を受けたら」という「受けたよカード」以外は能動態に徹するようにカード上の表現を揃えています。特に活動カードへの記入時には能動態で「○○を△△する」という表現をすることで、結果としてSVOを遵守するように心がけていただきたいと願っています。

　また、ここでは深入りしませんが、「否定表現ではなく肯定表現を使う」ことと「語尾を曖昧にせず、きちんと言い切る・断言する」ということについても、ぜひとも常にしっかりと意識していただきたいと思っています。

CHAPTER

10

マジカでサンプルを描いてみる

マジカでプロセスを表現する例

では、ここでマジカを使って非常に簡単なプロセスの例を書いてみましょう。マジカは、

1. カードを選んで
2. カードの項目に穴埋めで必要なことを記入して
3. そのカードをコママンガのように並べていく

ことで、プロセスを表現します。

今回のお話の舞台は小さなレストランです。描きたいプロセスを文章で書くとこうなります。

**フロア係はお客さんからの注文を厨房に伝えて、
できあがった料理をお客さんにお届けします。**

短い文章ですが、実は意外と手応えのあるプロセスです。

文章に書かれている内容をプロセスに描く

注文を厨房に伝える

まず、フロア係さんがお客さんからの注文を厨房に伝えています。これをマジカを使って描いてみましょう。この場合は「受け渡しカード」がよいでしょう。

図:「注文を厨房に伝える」仕事

では、フロア係さんはこの「注文を渡す」という仕事をいったいいつするのでしょうか？ おそらくは「お客さんから注文を受けた」ときでしょう。そこで「受けたよカード」によって仕事の実行タイミングを描いてやります。

図:「注文を厨房に伝える」タイミング

■ 料理をお客さんに届ける

次に、フロア係さんはできあがった料理をお客さんにお届けしています。これも「受け渡しカード」で表現できます。

図：「料理をお客さんに届ける」仕事

　ではこの「できあがった料理をお届けする」というのは、いつするのでしょうか？ きっと「料理ができあがったら」ということになるのでしょう。そこで「できごとカード」でタイミングを明記します。

図：「料理をお客さんに届ける」タイミング

1

3

2

4

文章に書かれていない内容をプロセスに描く

　これで文章で書かれているプロセスについては一応描けました。しかし、このままだと物足りません。ここから先は、文章に記載されていないことなので推測で描くしかありませんが、実際には現場にヒアリングしながら描くことになるでしょう。

■「厨房が調理をする」仕事

　まず、厨房さんの仕事について考えてみましょう。フロア係さんがお客さんからの注文を厨房さんに伝えています。しかし、それっきり厨房さんは出てきません。では料理ができあがるのはどうしてでしょうか。それは注文を受け取った厨房さんが調理をして作るからです。あまりにも当たり前すぎて文章中で表現されていないのです。人は「当たり前」に冷たいのです。しかし、良質のプロセスにするには「当たり前」を明確に表現する必要があります。そこで厨房さんが「調理をする」という仕事を追加しましょう。

　「調理をする」のは活動です。仕事は活動＋成果でワンセットですから当然成果も表現する必要があります。そこで今回は活動カードと成果カードをこのように置いてみます。

図:「厨房が調理をする」仕事

　調理をするタイミングは、フロア係さんからお客さんからの注文を受け取ったときですから、ここでは特にタイミングについて追加する必要はないでしょう。

■「料理をフロア係に渡す」仕事

　さて、成果としてできあがった料理を厨房さんはどうするのでしょうか。まさか自分で食べるわけはありません。フロア係さんに依頼してお客さんに届けてもらう必要があります。そこで厨房さんからフロア係さんに「できあがった料理を渡す」という仕事を描いておく必要があります。今回はとりあえず

「厨房さんができあがった料理をカウンターに置く」
「厨房さんがフロア係さんに料理ができたことを伝える」

という2つの仕事を追加しておきます。それぞれ「置いとくカード」と「伝達カード」でよいでしょう。そうするとフロア係さんができあがった料理をお客さんにお届けする仕事のきっかけになっている「できごとカード」は余分になりますのでこれを削除して、代わりに「持ってくカード」を置いて

「フロア係さんがカウンターからできあがった料理を持っていく」

という仕事を追加します。

描いたプロセスの最終形

これらの仕事を追加すると、最終形は次のようになります。

図：プロセスの最終形

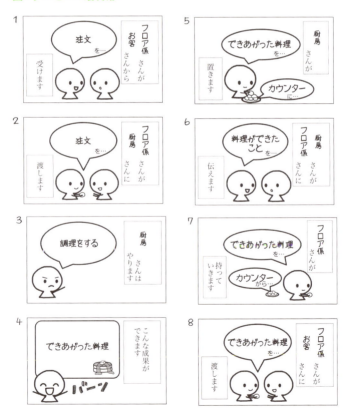

CHAPTER 10：マジカでサンプルを描いてみる

マジカから別の表記法への転記

　全部で8コマのマンガになりました。これがこのサンプルのプロセスです。もし仮にマジカの見た目などが気に入らないようであれば、このできあがったマジカによるプロセス図をもとに、別の表記法に転記するのもよいでしょう。たとえば次のようになります。

図：シーケンス図への転記

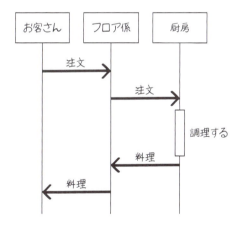

93

図：BPMNへの転記

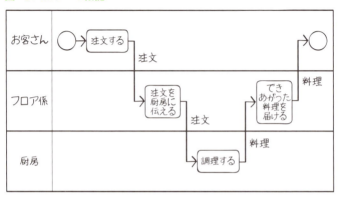

図：拙著『はじめよう! 要件定義』で紹介したフロー図

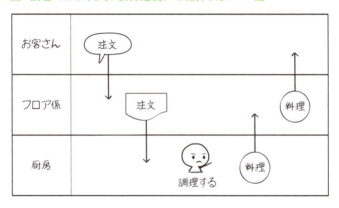

　いかがでしょうか。このように、マジカでなければプロセスを表現できないというわけではありません。ですので、もし他の表記法が良いということであれば、お好みの表記法で描いてもよいでしょう。その場合においても、プロセスを構成する各要素についての意識はしっかりと持って描くように心がけてく

CHAPTER 10：マジカでサンプルを描いてみる

ださい。

コラム 不細工なプロセスは、不細工であることがわかる表現で

　いささか手前味噌になりますが、マジカと従来の表記法との間で決定的な差があります。それはマジカが「不細工なプロセスは、不細工に見えるようになっている」ということです。

　プロセスは行う仕事が少ないほど効率的ですし、受け渡しがないほどロスが減ります。しかし、従来の表記法でそのようなシンプルなプロセスを描くと、ちょっと間の抜けた物足りない感じになってしまいます。

　そうすると「もうちょっと見映えを良くするために、受け渡しを増やしてみようか」などと絵面に引きずられて仕事を増やしてしまうような、本末転倒な状況にすらなりかねません。

　仕事や受け渡しの多いプロセスは、そのとおりにダラダラと長く表現することで「短くしたいなぁ」と感じさせる。例外処理などは別フローとして切り出して「例外処理が多いなぁ」とウンザリした気持ちになる。そういう気持ちにさせることで、本当の意味での良質のプロセスにしたいという動機付けを育む。スマートに賢そうに表現するのではなく、実状のとおりのモヤモヤ感を愚直に表現する。マジカでは、そういった「気分の表現」をかなりのレベルで実現できていると感じることが多く、実務において非常に役立っています。

95

いよいよ設計へ!

　さあ、これで良質なプロセスを設計するための準備は整いました。いよいよ次から、これらの各要素についてどのように考えていけば良質なプロセスを描くことができるのかについて説明していきます。

第 2.5 部

既存プロセスの見える化
~第2部と第3部の間のお話~

CHAPTER 11　現状を可視化する
CHAPTER 12　既存システムのリプレース案件にて
CHAPTER 13　パッケージソフトやシステムに業務を合わせるという話

CHAPTER

11

現状を可視化する

まずは健康診断

ここで「さあ、いよいよプロセスを設計しましょう！」とい
きたいのですが、その前にどうしても触れておかなければなら
ないテーマがあります。それが「現在のプロセスを可視化する」
ということです。

第3部で説明するように、基本的に「設計とはゴールから逆
算して考えるもの」です。ですから、現状がどうであろうとも、
「目指す理想・ビジョンはこれこれこういうもので、それを実現
するためのプロセスはこうあるべきだ」というふうに考えてい
けば、良質のプロセスを設計することは十分に可能です。

しかし、良質なプロセスを設計することが可能であるという
ことと、その良質な（はずの）プロセスに普段の行いを切り替
えられるかどうかというのは、実は別の話です。

普段、悪習慣にまみれた生活を繰り返していて身体のあちこ
ちに問題を抱えていたとしても、自覚症状がなければ自分は健
康健全だと思うのは当然であり、その生活習慣を変更しような
どとは思わないでしょう。同じように、プロセス自体も目に見
えないため、問題を自覚するのが難しいので、改める必要性が
感じられにくいという性質があります。ましてやそれが個人で
はなく組織として複数の人が関わり合うようなものであれば、
下手に現状をいじるのは面倒くさいことであり、できれば触れ

ずにそっとしておきたいのが本音でしょう。

　また、仮に関係各位の意識が高く全員が「よし、もっと良質のプロセスに変えていこう！」と一致団結したとしても、何がどのようになっているのか、何がどのように問題なのか、何をどのように改めればよいのか、などのことが明瞭になっていなければ、何をどうすればよいのかわからず、結局はシュプレヒコールだけで終わってしまいます。

　そこで（いささか不本意ではあったとしても）必要になってくるのが、「今みんなで行っているプロセスを図式化して共有し、指差ししながら語り合える土台を作る」ということになってくるのです。これを言い換えると「既存プロセスの見える化」となります。

既存プロセスの見える化のメリット

　これはいわば「健康診断」のようなもので、やったからといって別にすぐに何がどうにかなるというわけではありません。自分の身長や体重、内臓の状態などなど、を知ったからといって、今すぐに事態が急変するわけでもなく、むしろ余分な手間暇をかけただけじゃないかというふうになってもしかたがないことです。それでもこの「既存プロセスの見える化」にはいくつかのメリットがあります。

・お互いの仕事の内容を知るきっかけになる
・全体の関係性における自分の仕事の役割を確認できる
・当たり前だと思っていたことが実は意外な強みであること

を発見できる可能性がある

などなどです。

それぞれについてここではことさらに解説はしませんが、これらのメリットに価値を感じられるのであれば、既存プロセスの見える化はぜひともやってみるべきでしょう。

既存プロセスの見える化の進め方

では、具体的にはどのようにして進めていけばよいのでしょうか。

■ プロセスの構成要素について理解してもらう

まず、本書の第2部の内容は、現場の方に簡単でよいので伝えてあげてください。「仕事とはどういうものか」ということについては、残念ながら学校で教わる機会はまずもって非常に少なく、あるいは皆無であり、就職してから先輩からの教えや自分自身の経験を通じて学んでいくものだったりします。ということは、そもそも各人において知識レベルのバラつきがあるのは必然であり、誰かにとっての当たり前が別の人にとっては新鮮・斬新なものであることは往々にして起こり得ます。ですので、言葉のバラつきを平準化するためにもまずは要素の説明をしてください。

■ マジカの書き方を補足する

それを踏まえたうえで、ここではマジカの書き方を補足して

おきましょう。基本的にはヒアリングで情報収集するよりも、仕事を実際に行っている当人が自分の仕事を書き出すのが一番正確です。そこでまずはマジカの書き方を指導してあげるのですが、このときに基本的な質問のしかたがあります。

「どんなことをしていますか？」
「いつしていますか？」
「できあがったものはどうしていますか？」

です。これらは相手の気になることによって使い分ける必要があります。ではどのようにすれば使い分けられるのでしょうか。

たとえば「普段どんな仕事をしていますか？」と最初に質問したときに、「えっと、まず総務から資料が回ってくるんですよ。それで……」などのように実行開始のタイミングから話し始めるタイプの方がいます。この場合は、「いつしていますか？」という問いが有効です。そして素直に「そのとき、どんなことをしていますか？」「できあがったものはどうしていますか？」というふうに順番に質問していくとよいでしょう。

図：実行開始のタイミングから話し始める人への質問

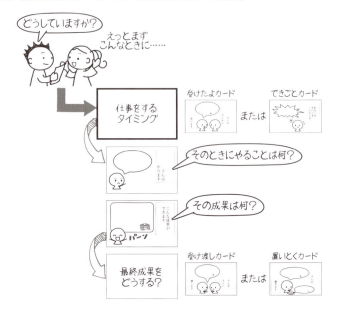

　逆に結果から話し出すことが多い方もいます。「普段どんな仕事をしていますか？」というふうに質問すると「部長に請求書を渡したり……」というようなケースです。このような方の場合は「できあがったものはどうしていますか？」と質問して、そこから遡る(さかのぼ)とよいでしょう。この場合だと「その請求書って、どんなことをして作っていますか？」「それって、いつしていますか？」のように尋ねていきます。

CHAPTER 11：現状を可視化する

図：結果から話し始める人への質問

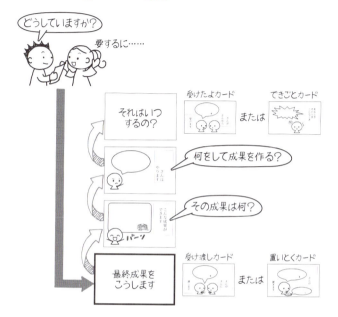

あるいは「普段どんな仕事をしていますか？」と質問すると、「企画書を作ったり……」と活動や成果を答えるタイプの人もいます……。というよりも大半はこのタイプです。その場合は、「それって、いつしていますか？」と「できあがったものはどうしていますか？」という前後の質問でサンドウィッチにしていきましょう。

図：活動や成果から話し始める人への質問

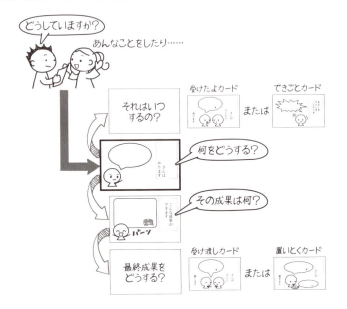

■ **個別の仕事を連鎖したプロセスにまとめる**

　これを数回繰り返すと、たいていの方は書き方のコツが飲み込めてきて、自分の仕事について自分自身でどんどん書き出していくことができるようになります。そうするとマジカの場合であれば、これまでの実績ベースで、平均で延べ10時間、最長で16時間程度あれば、出社から退社までの日々の仕事のほぼすべてを書き出してくれます。

　ただし、これらは「自分の仕事」のみです。他の人の仕事については当然ながら知らないことは書けません。ですので、全員のものを集めて受け渡しや保管・ピックアップのところを手

がかりにして、個別の仕事をつないでいきながら連鎖したプロセスにまとめ上げるという作業が別途必要になります。

図：個別の仕事を連鎖したプロセスにまとめる

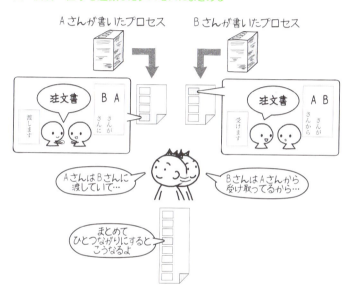

　ただ、それにしても個別の正確性と総合的な作業時間のバランスについては非常に高い生産性を発揮できていますので、既存プロセスの可視化を実施するのであれば、この手法をお勧めします。

コラム　現場の気持ちと暗黙知を可視化する

　一般的に「業務の現状を見える化する」というのは、プロセスの可視化であり、業務フロー図を作成しましょう、ということになるのですが、現場の気分としては「そんなの描いて、現場の実態が本当にわかるのかよ？」というふうになるのもいたしかたない面はあります。また実際のところ、実務が忙しいところに余計な手間を増やしてほしくないという気持ちが湧いてきたり、そもそも何をどう描けばいいんだという気分になったり（そのためのマジカではありますが）するのもやむを得ないところです。

　そんなときにぜひ試していただきたいのが、「もやもやカード」と「技ありカード」をメインにして進める方法です。これは「普段の仕事で、モヤモヤしたりイライラしたり、そういう気持ちになっていることを書いてください」と依頼して「もやもやカード」を書いてもらう、あるいは「普段の仕事で、実はここは結構ややこしくて現場で工夫しているんだ、というのを仕事自慢のつもりでぜひ書いてください」というふうにお願いして「技ありカード」を書いてもらうというものです。

　これらのカードが出てくるということは、それらが発生するプロセスが必ず存在します。そこでまずは「もやもやカード」と「技ありカード」を書いてもらって収集して、今度は順番に「これって何をしているときのカードですか？」と問うことで、プロセス側を押さえにかかるというものです。

106

CHAPTER 11：現状を可視化する

図：心と知恵を見える化する

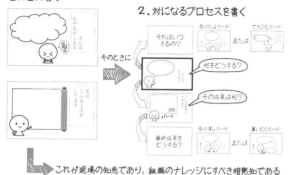

　これによって現場は「自分たちの気持ちや工夫の現実を伝える・伝えられる」というふうになってもらえます。それを補強する説明のためにプロセスを描くという段取りになります。

　ともすれば「業務の可視化・見える化」となると、やたらと定量化・数値化のような話になってしまいがちですが、そもそも現場が「描きたい・伝えたい・わかってほしい」と思ってくれない取り組みでは前に進まないのですし、現場の思いの奥側にこそ実はプロセスをより良くするためのタネが眠っていたりします。

　一見迂遠に思われるかもしれませんが、マジカを実際に使った現場ではいつも圧倒的な人気を誇る「もやもやカード」をぜひ上手く活用して、現場にある気持ちと知恵を引き出していただければと思います。

CHAPTER 12

既存システムのリプレース案件にて

現状を把握し切れない状態でのリプレース要件

既存プロセスの可視化が有効なケースとしてここ10年ほどで急激に増えているのが、既存システムの老朽化・運用コストの高止まりに伴うリプレース（置き換え）プロジェクトです。これらのプロジェクトの特徴として、たいていの場合、すでに十数年以上の稼働歴を有しており、かつその間に度重なる改変を繰り返してきたため、現時点において一体どのような利用・運用を現場が行っているのかを正確に把握し切れていないという現実があります。

一方で、現場が今回っている状態をリプレースの結果破壊するようなことがあっては、企業として・商売としてまずいことになります。なので、なるべく早く正確に利用・運用の実態を把握して、それらをリプレース後の新システムでもきちんと汲み上げたいという思惑も併存しています。

そこに加えて、願わくばせっかく新しいシステムに入れ替えるのだから、今までできなかったことを追加もしたいし、無駄になっている部分は再現しても使わないのであれば開発コストをドブに捨てているようなものですから、リプレースの対象外としたいという気持ちもあります。

これらは、それぞれを単独で見ればごもっともな話であり理解するのですが、ではそれを実現するためにというところで、

CHAPTER 12：既存システムのリプレース案件にて

「しかし、現状を把握するために現場の工数を割いてもらうことは現実的に難しい」という状況があります。そのために、「なので、いったいどのような利用・運用を現場が行っているのかを正確に把握し切れていない」ままに、リプレース要件をまとめ上げなければならない、というよりも、まとめ上げたいという無理難題にプロジェクトが立ちすくみ、堂々巡りの議論を繰り返しながら、名目上の進捗だけは進んでいることになっていながらも、新システム導入後の想定新業務フローをラフでよいので提示せよという要請があった場合に、具体的なものが何も出ないという非常に危機的な状況に陥っているケースが多々見受けられます。

現行システム周辺の利用プロセスを収集するためには

このような場合にできることは本質的に限られていて、諦めて現状プロセスの可視化という作業に四の五の言わずに着手するか、プロジェクトをいったん諦めて「軒先を貸して母屋を乗っ取らせる」系のスモール＆ペネトレーションプロジェクトをコツコツとやる方向に切り替えるか、リプレースそのものを断念して現状維持に務めるか、くらいしかないのです。しかし、それでもどうにか現場の関与を最小限にして、かつできるだけ短期間で（たいていこのような時点でプロジェクト全体の工期の相当分を食い潰しているのが現実なので）さっさと現行システム周辺の利用プロセスだけでも収集したいというお話は、その是非はさておき、やはり存在します。

本意ではありませんが、そのような場合の対応策として次の

109

ようなアプローチを取ることは可能です。

1. 既存システムの UI（画面・帳票）一覧を入手する
2. UI ごとにマジカの「PC 利用カード」を作成する
3. 「PC 利用カード」を活動および成果とみなして、現場のユーザに「いつしていますか？」と「できあがったものをどうしていますか？」と問いながら、カードを埋める

図：UI ごとに PC 利用カードを作成する

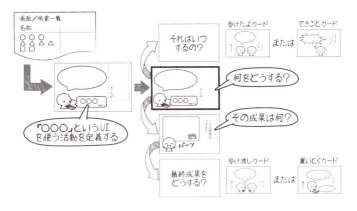

　これらを行う最大の理由は、「既存システムを補助する形で稼働しているインフォーマルな仕組みを拾い出すため」です。たとえば、次のケースでは現行システムを補助する形で表計算ソフトが使用されています。

図：表計算ソフトで現行システムを補助する

　これをリプレースするとなると、現場のユーザが期待することは次のようなプロセスに改善されることでしょう。

図：ユーザが期待するプロセス

目的およびビジョンの明確化が不可欠

　しかし、仮に現行システムの機能一覧やソースコードをもとに仕様のリバース作業を行った結果をまとめたリプレース要件では、このようなプロセスには改良される目処はありません。むしろ「表計算ソフトを使って行う仕事」の材料としての質が低下したとみなされて、「使い勝手が悪くなった・仕事の能率が低下した」と言われるようになってもやむを得ないでしょう。

　もちろん、この表計算ソフトで作っている資料そのものが果たして本当に必要なものなのかについて議論する必要はあります。このあたりはゴールからの逆算として第3部で触れることになります。ともあれ「この資料は今後も本当に必要か？」という議論をするにしても、現行システムからのデータをもとに表計算ソフトで資料を作成しているという事実・ファクトを明確にできない限りは議論のしようもないのです。

CHAPTER 12：既存システムのリプレース案件にて

　単にシステムのリプレースであるというプロジェクト単位の目線のさらに上位概念の話として、会社全体に「良質のプロセスとは」という意識を定着させることがまずは大切だと促し、既存プロセスの見える化に取り組むほうが結果として低コストで着実な成果を実現できることでしょう。その取り組みがどんなことであれ、どうするのかという手段の前に、そもそもの目的を、そして目的の源泉となるビジョンの明確化こそが不可欠なことだと考えます。

コラム ITシステムは業務（プロセス）に従属し、業務は顧客に従属する

　よく「業務をシステムに合わせます」などと聞きますが、システムに合わせたその業務が顧客の要望に応えられなければ、業務をシステムに合わせるより顧客への対応に合わせるほうが優先されます。これは当たり前のことです。商売とは顧客の需要に応えて対価を得ることであって、情報システムを使いこなすことではないのですから。

　「組織は戦略に従い、戦略は環境に従う」とは A.D. チャンドラーの言ですが、環境とはまさに顧客の需要であり、戦略とはその需要にいかに対応するかというプロセスのアウトラインです。そして、組織がプロセス遂行のリソースであるからには、人的リソースのみならずITシステムというリソースもまた組織の一員であり、その有様は戦略というプロセスに従属するものだといえます。

　業務をシステムに合わせるというスローガンを掲げる場合は、それはプロセスをより身軽にして顧客への対応を柔軟化するための手段にすぎないのだということを併せて銘記すべきだと考えます。

113

CHAPTER 13
パッケージソフトやシステムに業務を合わせるという話

パッケージに業務を合わせる場合の問題点

　既存システムのリプレースという話と並んでよくあるのが「パッケージに業務を合わせる」というものです。この場合に具体的なパッケージソフトがあればまだマシなほうで、これから新規に要件定義を行って作っていこうというシステム／ソフトウェアの機能に業務を合わせるので、業務プロセスを事前に考えるというのは端折っても大丈夫だろうという発想です。

　ところが導入しようとしているパッケージソフトが具体的に決まっているとして、そのパッケージソフトの側に「想定している業務プロセスを提示してほしい」と要求しても、ものすごく大雑把な概念レベルのものと詳細な操作マニュアルが出てくれば御の字で、下手すると何も出てこないこともあります。むしろ「たいていのプロセスに適合できるようになっていますので、まずは御社が自社プロセスを明確にして、それに沿って当ソフトを調整する必要があります」というふうになりがちです。

　また、新規の場合であれば、IT屋さんが描いた業務プロセスに基づいてソフトウェア要件を決めて実際に稼働させると、あれがない・これができない、と「できて当たり前（ここでいう当たり前はその企業にとってであって、同業他社だと異端だったりすることが多いのですが）のことができない」とIT屋さ

114

んを責めがちです。

いずれの場合も、そもそも「ソフトウェアは人間のプロセスをサポートするツールである」というスタンスからは正しいのですが、それを導入側はそういう面倒くさい話も端折って、さくっとお金で解決したいと思っているわけです。ですが、この状態でなし崩しにパッケージソフトや新規システムの導入をしてもお金をドブに捨てることになってしまいます。そこでやはり、「パッケージが想定しているプロセスと、自社プロセスのギャップ／フィットを調査する必要がある」ということになるのです。

ここでまず、自社プロセスというのが今後の理想なのか現状なのかということになるのですが、たいていが「現状の業務が回らなくなるのは困る」という理由から、現場業務とのフィッティングが重視されがちです。となると、前述の既存システムのリプレースと同様に、現状業務のプロセス可視化が必要になるのですが、それは面倒くさいということになってしまうわけです。

また、一方ではフィッティング対象となるパッケージソフト側の想定プロセスも結局は存在していないわけですから、頑張ってリバースして書き出す必要があります。そのようにして、このあたりの「要するにひっくるめて面倒くさいので、一発で楽してどうにかしたい」という、乱暴ではありますが気持ちはわかるという欲求が生じることになります。

115

パッケージの想定する業務プロセスを取得するには

　では、どのように対処するかなのですが、新規開発の場合は正攻法ということで、第3部で説明する設計方法をちゃんとやりましょうということにするとして、パッケージソフトの想定する業務プロセスをどう取得するかについては、先ほどの既存システムの話を応用することができます。

　パッケージソフトはまだ導入・稼働していないといっても、すでに存在するものです。その点において乱暴ではありますが、「パッケージソフトは既存（すでに存在する）システムである」とみなすこともできます。そこで、前述と同じく、パッケージソフトのUI（画面・帳票）一覧を取得するところから行って、それを「PC利用カード」にマッピングし、仕事の実行タイミングや受け渡しなどの情報を追加していきます。

　ただし、このときはまだ実際にパッケージソフトを利用しているユーザはいないわけですから、自社の大まかなビジネスモデル（製造業であれば、MTS［見込生産型］とかETO［受注設計生産型］など）を想定しながら、業務の流れをイメージしつつ、パッケージソフト側が提供している各種の資料を当て込みながら、各機能を利用する仕事の連鎖を作っていくことになります。

CHAPTER 13：パッケージソフトやシステムに業務を合わせるという話

図：パッケージの機能を利用する仕事の連鎖を作る

　正直に言うと、やるべきことを・やるべきときに・やるべき人が・きちんとやる、ということ以外に物事（＝プロセス！）をスムースに進めることはできないと考えていますので、これらの小手先の手法だけに頼って目先をどうにかしようとするのはやはり無理があると思います。また、無理を通せば道理が引っ込んで、どんどん辻褄・帳尻が後半になるほど合わなくて困るのは必然だとも思っています。「既存プロセスの見える化」をして、それを踏まえたうえで、目指すビジョンから逆算して新しいプロセスの設計を行うというのが、急がば回れではありませ

117

んが、着実で結果として一番ローコストな取り組みの在り方だと、私は常々考えています。

図：新規事業の場合

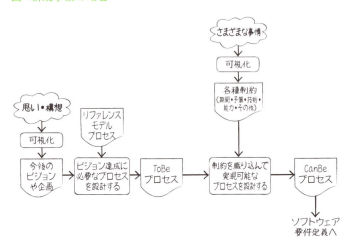

図：既存事業の IT 化の場合

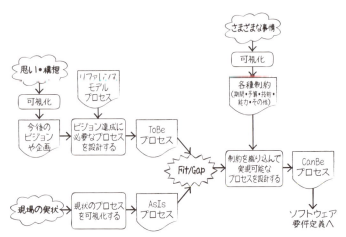

CHAPTER 13：パッケージソフトやシステムに業務を合わせるという話

図：パッケージによるIT化の場合

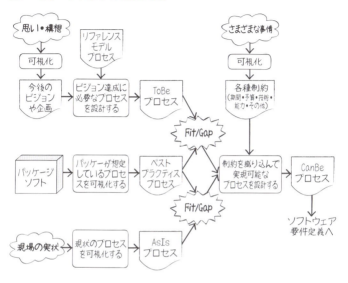

コラム リエンジニアリングまたはリファクタリング

1990年代半ばにBPR（ビジネスプロセスリエンジニアリング）という手法が脚光を浴びました。雑な要約をすると、「顧客の視点（カスタマーフォーカス）に基づいて、企業内プロセスを最適化する」というものです。このBPRの少し前に「組織のリストラクチャリング（再構成）」というものが注目を集めたのですが、この手の手法の誤用につきものの変質化に伴い、「リストラ（日本ではこのように短縮されてしまった）＝大量首切り」という図式に陥ってしまいました。その知見から、BPRでは、組織云々よりも顧客に価値を提供するまで

のプロセスをいかにシンプルにするかという方向に光を当て直しました。BPR そのものは一過性のブーム的な扱いに終わったものの、アウトプット（成果）を出すための過程を短縮して生産性を向上しようという概念は、1 つの価値観としてある程度の定着に至りました（BPR は後に CRM と結び付いて IT という概念の創出に至るのですが、それはまた別のお話）。

さて、この BPR の概念をコンピュータソフトウェアにおけるプログラミングの観点で考えると、ちょうど「リファクタリング」と一致することに気づきます。リファクタリングとは、ソフトウェアの外部的な振る舞い、すなわち入力（材料）と出力（成果）を変えることなく、内部構造（活動・プロセス）を改善することです。出力や成果というものが需要に応えるものであるとするならば、需要のオーナーである顧客に価値を届けるための過程をより良いものにするというのは、BPR と同じ思想であるとみなせるでしょう。

つまり、IT 屋さんにとって、BPR とは、企業や組織という巨大な機能に対するリファクタリングであるとも言えます。それはつまり、プロセス設計、イコール企業や組織に対するプログラミングであるというふうにみなせることにもつながるのです。

第3部

プロセスの設計方法

CHAPTER 14　基本的な考え方=ストーリー指向
CHAPTER 15　ゴールを明確にする
CHAPTER 16　3本のプロセスライン
CHAPTER 17　カスタマーエクスペリエンスを描く
CHAPTER 18　サービスデザインを描く
CHAPTER 19　ユーザシナリオを描く
CHAPTER 20　全体を見直してみる

CHAPTER

14

基本的な考え方＝ストーリー指向

▌プロセス設計では何を考えるべきか

　さて、ようやく「プロセスを設計する」ということについて考えていきます。話が脇道にそれるようですが、プロセス設計とは、作曲に似ています。音符や休符などの曲を表現する構成要素を知って、それらをデタラメに並べていき演奏しても、それはそれで１つの曲を作曲したと言うことは可能です。同様に、デタラメに活動と成果を並べていっても、それはそれで１つのプロセスを設計したと言うこともできます。

　しかし、デタラメに音符を並べたものがたいていの場合において聴くに堪えない、曲と呼ぶのもおこがましいものになるのと同様に、プロセスもまたデタラメに活動などを並べても満足な成果を生み出すものには到底なり得ません。作曲という行為が単に要素を並べるだけでなく、さまざまな考え方に基づいて行われることで心地良い名曲を生み出すのと同じく、プロセス設計もまたさまざまな考えに基づいて行うことで良質のプロセスを生み出せるようになります。

　では、プロセス設計においては、いったいどのようなことを考える必要があるのでしょうか。それが「ストーリー指向」というものです。

ストーリー指向とは

　ストーリー指向（あるいはストーリーデザイン）は、「世の中のさまざまなプロセスはストーリーとしてとらえられる」という観点から考えるアプローチ方法です。ではストーリーとは何なのでしょうか。

　ストーリーとは物語のことでもあります。映画や小説、あるいはマンガなどにおいて中心となる1本の筋書きのことです。ストーリーは、始まりから結末に向けてさまざまな物事が連鎖していきます。そう、ストーリーもまた、プロセスの一種なのです。

　ではどうして、プロセスを設計するにあたってストーリーを考える必要があるのでしょうか。それはストーリーが単にプロセスの一種であるというだけでなく、「まだ見ぬ未知のもの」を描くのに役立つからなのです。

想像を描くのは難しい

■ 既知か未知か

　たとえば、先週の日曜日をどのように過ごしたのかというテーマで作文を書きなさいという場合、たいていの人はさほど苦労せずに文章を書けるでしょう。あるいは、今お読みいただいているこの本を読んだ感想を書くようにと言われても同様に、それほど悩むことなく書けるはずです。

　では、来年の今日、あなたはどのようにして過ごしているかについて書きなさいと言われるとどうでしょうか。かなり悩む

のではないでしょうか。ではこの、書けるものと書けないもの
あるいは書きづらいものの違いは何に起因するのでしょう。それ
れが「既知か未知か」の違いです。

■「今後こうあるべき」を書くことは難しい

同様に「現行業務のプロセスを書く」というのは、面倒くさ
いだけでさほど悩まなくても時間さえあれば書くことができま
す。しかし、「今後こうあるべきだという良質のプロセスを書
く」ということになると、手が止まりやすくなります。書くの
が難しいのではなく、そもそも何がどうなればよいのかという
ことを考えざるを得なくなり、しかしそれを実際に見聞きした
ことがないため、想像するしかないうえにその想像で本当によ
いのか不安になるために、結果的に手が止まるのです。

実はこれはマンガや小説あるいは映画などのストーリーを書
きたいと思う人にも共通の現象です。作家志望のアマチュアの
場合、最初のうちは書きたいことがあるのでどんどん書き進む
のですが、途中でぱたっと手が止まり、毎回未完のまま放置さ
れ、そしてしかたなく改めて別のものを書き始めてはまた未完
のまま止まる……、ということを繰り返しがちです。これらは
プロセスの最後までをしっかりと構想し切れていないために起
こります。

プロセス設計も、不慣れな人が行うと実は同様の事態に陥り
ます。あれをやってこれをやって……と、演繹的に書き進めて
いくと途中で「あれも必要なのではないか?」「いや、そもそも
こういうケースにも対応すべきでは?」「しかし、そういう事態

CHAPTER 14：基本的な考え方＝ストーリー指向

が起こらないようにするのが正しいのではないか？」などと悩み始めて思考がどんどん発散してしまい、きちんと収束させることができないまま行き詰まってしまうことが多数見受けられます。

■ ストーリー作りの流れ

では、プロの作家や脚本家などはどのようにしてきちんと最初から最後まで書き切るのでしょうか。人によってさまざまな手順がありますが、脚本術的なものを学ぶと概ね次のようなプロセス（そう、プロセス設計もまた1つのプロセスです）をたどるとよいとされています。

・最初にオチを決める
・オチに向かって、大雑把なあらすじを作る
・あらすじを大枠にはめてからディテールにブレイクダウンする

このストーリー作りの流れを応用すると、プロセス設計も行き詰まりや迷走を最小限に押し留め、クオリティの高いプロセスを描くことができるようになります。そこで、これらのストーリー作りの要点についてどのようにプロセス設計に応用していくかを考えてみます。

シナリオのあるドラマとしての商売（ビジネス）

■ 顧客の視点からのあらすじ

本書では一貫して商売（ビジネス）における業務のプロセス

125

について考えています。では、そもそも商売・ビジネスとは何でしょうか。まずは第1部にて述べたとおり、「需要に応えて対価を得ること」だと言えます。ですが、これはビジネスを提供する供給側の言い分です。視点をひっくり返して需要側、すなわち顧客の立場から考えるとどうでしょうか。顧客にとってビジネスとは

自分だけでは解決できない問題を対価と引き換えに解決する手段

だと言うことができるでしょう。

　人は人生の中でいろいろな問題を抱えています。明確に問題だとみなせるものはもちろんのこと、「もっと楽しいことをしたい」というような欲求ですら、「しかし楽しいことができない」という問題を内包しているとも言えます。

　これらのさまざまな問題を、人はいろいろな形で乗り越えながら毎日を過ごしています。つまり、日々さまざまな問題を解決し続けています。しかし、すべてを自力だけで解決するのは困難です。たとえば「魚が食べたい（が、自分では魚を用意できない）」という問題を抱えたとき、人は顧客になります。この場合は魚屋さんの顧客です。つまり顧客が魚を求める流れは次のようになります。

CHAPTER 14：基本的な考え方＝ストーリー指向

> 何かのきっかけで「魚を食べたい」と思う顧客。
> しかし顧客には自力で魚を用意することができません。
> そこに現れたのが魚屋です。
> 魚屋は顧客が求めている魚を持っていました。
> そこで顧客は対価と引き換えに、魚屋から魚を手に入れました。
> 魚を手に入れた顧客は、無事に「魚を食べたい」という願いを叶えることができました。
> めでたしめでたし。

図：顧客の視点からのあらすじ

　……いかがでしょうか。無事に顧客は問題を解決しました。これは問題解決プロセスを表現しています。同時に、これはまさにあらすじです。ストーリーです。そして実は世の中に溢れて

127

いるストーリーの大半が、問題解決プロセスそのものだったりするのです。たとえば、

> 田舎でくすぶっている主人公は故郷を出て冒険したいと思っています。
>
> ある日主人公はロボットを買うということがきっかけで、お姫様が助けを求めていることを知りました。
>
> お姫様を助けたい主人公ですが、自力では何もできません。そこに現れたのが不思議な老人です。
>
> 主人公は老人に導かれて故郷を旅立ちます。
>
> 主人公は老人からの教えを得て、悪者からお姫様を救い出します。
>
> お姫様を救った主人公は、悪者の要塞を破壊します。
>
> 活躍した主人公はお姫様から勲章をもらいました。
>
> めでたしめでたし。

CHAPTER 14：基本的な考え方＝ストーリー指向

図：「スター・ウォーズ」のあらすじ

というのは、「スター・ウォーズ」第1作目であるエピソード4のあらすじですが、これは次に示すように置き換えることもできます。

主人公は毎日、肌の痒みに困っていて何とか治したいと思っています。
ある日主人公は、テレビCMというきっかけで、
肌の痒みが解消する化粧水の存在を知りました。
ぜひ試してみたい主人公ですが、どうすればいいのかわか

129

りません。
お店で応対してくれたのが、優しい店員さんです。
主人公は店員さんに教えてもらって、お試しパックを購入します。
主人公は店員さんのアドバイスどおりに、お試しパックを使います。
お試しパックで効果を感じた主人公は、本格的に化粧水を使います。
化粧水を使った主人公は、ついに肌の痒みがなくなりました。
めでたしめでたし。

図：化粧水のあらすじ

CHAPTER 14：基本的な考え方＝ストーリー指向

さらに言い換えると、このようなストーリーも成り立ちます。

主人公は業務の効率の悪さに毎日困っています。

ある日主人公は、IT化に効果があると知りました。

しかし、自力でIT化はできません。

そこに現れたのがIT屋さんです。

主人公はIT屋さんの支援を受けながら、自社のIT化を実現します。

その結果、主人公は自社の業務効率を劇的に改善しました。

めでたしめでたし。

いかがでしょうか。このあらすじなどは、ソリューションビジネスそのものと言えるでしょう。

■ 供給側の視点からのあらすじ

一方で、これらのあらすじは需要側・顧客側の視座に立ったものですが、供給側・サポート側から見ると次のようにもなります。

131

主人公は魚の魅力を知り尽くしていて、人々の役に立ちたいと思っています。
ある日主人公は、「魚が食べたい！」と思いながらもそれができないで困っている顧客と出会いました。
そこで主人公は顧客の要望にぴったりの魚を見せてあげました。
顧客はぜひその魚が欲しいと言いました。
そこで主人公はその魚を顧客に渡しました。
そして魚と引き換えに、主人公は対価を得ました。
めでたしめでたし。

図：魚屋の視点からのあらすじ

ビジネスというストーリー

つまり、ビジネスというストーリーは、

・顧客という主人公が問題を解決する
・ビジネス側が支援者として主人公の問題解決をサポートする

という2つの流れが一体となって1つのプロセスを構成するものだと言えるのです。

そして重要なこととして、これをさらにとらえ直すなら、前述のストーリー作りの流れの最初の部分になる「オチを決める」とは、「顧客の問題を解決する」ということになります。これこそがビジネスプロセスという名のストーリーの「ゴール」なのです。このゴールに至らないプロセスは決してビジネスプロセスとは呼べないとすら言っても過言ではないのです。

CHAPTER 15

ゴールを明確にする

ゴール設定の重要性

　さて、プロセスのゴールは顧客の問題解決が実現することだと言うのは簡単です。そしてここで重要なのは、「では、具体的に何がどうなれば、ゴールを達成したと言えるのか」を明確にすることです。

　この問いは近年ますます重要になっています。一昔前は「顧客が我々の商品を買ってくれるのがゴールだ」と言えば済むような牧歌的な時代でした。しかし、現代は残念ながらそこで終わってはくれないのです。アフターサポートなどのプロセスが重要視されるのも同根です。

　たとえば、先ほどの例に肌の痒みを解消する化粧水のお話がありましたが、この物語における「顧客の問題解決」とは化粧水を買うことでは決してありません。購入した化粧水を利用することによって「肌の痒みがなくなる・減る」という成果を得ることです（薬事法などに関連した言い回しにすべきというご指摘もあるかと思いますが、要点を簡便に説明するためのものとしてご理解ください）。

　このゴール設定を間違ってしまうと、売りっ放し・ほったらかし、というようなネガティブなビジネスイメージを世の中に広めてしまうことにもつながります（第2部の口コミなどの効果についての説明をご参照ください）。映画や小説などの物語も

オチがいい加減では興醒めです。ゴール設定はとても大切なことなのです。

ゴールの三角形

では、ゴール設定として、何を定める必要があるのでしょうか。大きくは2つです。

・ゴール達成後の後日譚
・ゴールに達成したと言うための達成条件

これらは言い換えると、前者を「ビジョン（未来図）」、後者を「要件（リクワイヤメント）」と呼ぶことができます。

先ほどの化粧水の話であれば、

・ゴール：「肌の痒み」という問題が解決した！
・ビジョン：肌の痒みに悩まずに済み、毎日が楽しい
・要件：
　◦ 顧客が化粧水を購入する
　◦ 顧客がちゃんと化粧水を使用する
　◦ 顧客の肌の痒みが収まる

ということになります。

図：ゴールの三角形

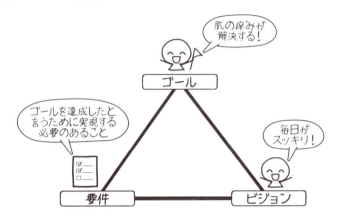

先ほどのIT化の例は次のようになります。

- ゴール：「IT化」を実現した！
- ビジョン：業務効率が劇的に改善され、みんな毎日いきいき仕事をしている！
- 要件：
  - 統合データベースによる情報のリアルタイム共有の実現
  - 全員がモバイル端末を持つことで、いつでもどこでも利用可能
  - 最短のプロセスによるあらゆる業務の日次完結の実現

図：ゴールの三角形（IT化）

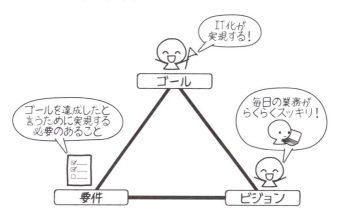

　いかがでしょうか。このようにまずはゴールをきちんと設定するところから、ビジネスプロセスという名の物語を設計していくことが大切なのです。

コラム 顧客の本当にほしいもの

　インターネット上においてIT業界の「あるある」ネタを揶揄するジョークとして、大木にぶら下がった三枚板の変則的なブランコを顧客が求めていたのだけど、実際に欲しかったものはタイヤをぶら下げる程度のものでよかった、というものがあります。

　これを聞いてたいていの人は多少の苦さを感じつつも大笑いするわけですが、実は笑いごとではないとも感じます。

　顧客が自分の思い・願いを適切に表現できないのは、1つにはボキャブラリーの問題があります。もう1つは「自分の思いを適切に表現するスキル」が不足しているというのもあります。これらはエンジニアリング側で解決すべき・できる課題であるにもかかわらず、相手の言葉の表だけを鵜呑みにして作り手側の都合やエゴを優先させてしまっているがゆえの問題であるとも言えます。

　言った・言わないのやり取りに陥ってしまう前に、発せられた言葉の奥にある「本当の思い」に対して、こちら側の思いを至らせるというのが大切なことであり、その具体的な取り組みが、ゴール・ビジョン・要件の三角形をしっかりと把握することなのです。そして実はそのための手法こそが「ビジョン設計」と呼ばれるものなのですが、これについては別の機会にぜひお伝えできればと思っています。

CHAPTER 15：ゴールを明確にする

ゴールから逆算する

■ スタートとゴールの間のステップ

　問題を解決するのがゴールであるなら、その逆にスタートは問題が起こるところから始まることになります。問題のないところに問題解決というニーズは生じないのですからこれは当然です。では、スタートとゴールが決まったら、その間はあっという間に済んでしまうのでしょうか。そうであれば顧客側もビジネス側も嬉しいのですが、物理的だったり制度的だったりさまざまな制約があるので、それらを順番に乗り越えていく必要があります。

　たとえば、よくある脚本術などだと、三幕形式と呼ばれるようなステップがあります。ビジネスと異なるフィクションであるなら制約などなさそうですが、支援者との出会いのシーンを描かずに突然支援者がサポートしていたら、読者や観客がびっくりして呆れてしまいます。同様に、ビジネスプロセスというストーリーにおいても、踏むべき段取りというのはどうしても発生するものです。詳細は後ほど個別に見ていきますが、基本的には顧客の側には大雑把に言っても

・問題に気づく
・解決法を知る
・解決法を採用するかどうかを検討する
・決心する
・購入する

139

・利用する

・効能を得る

というようなステップが存在します。もちろん、これらは商材によって順序が変わったりもするわけですが、たとえば、存在を知らないものを購入しようかどうしようかなどと悩んだりすることはあり得ません。ですから、必要なステップはきちんとあらすじの中で網羅してあげないと、プロセスがゴールに至ることができなくなってしまいます。

■ 逆算指向またはバックキャスティング

そこで大雑把なステップをスタートとゴールの間に割り付けてやる必要があるのですが、この場合にたいていの人がやってしまう失敗があります。それが「スタートの側から順番に」考えていくということです。これをやるとオチにたどり着くまでにあれこれと（特にビジネスプロセスの場合は例外系を想定してしまったりして）考えているうちに収拾がつかなくなってしまい、書き進められなくなるのです。

これを避けるには逆をやればよいのです。つまり「ゴールの側から逆算してスタートに向けて」考えていくということです。逆算指向あるいはバックキャスティングなどとも呼ばれる思考法です。

一般的な手前から順番に考える方法だと、「まずは」や「次に」というふうに進めていきます。すると「とりあえず」が出てきて選択肢がどんどん広がり始めます。選択肢が増えるとい

うのは可能性が広がるとも言えるのですが、プロセスやストーリーを考える際にはたいていの場合において収拾がつかなくなっていく傾向になりがちです。

図：フォーキャスティング

これに対して逆算指向あるいはバックキャスティングというアプローチは、まず結果を設定します。「こうなりたい」という形になります。それから「だからそのために」というふうに必要性に従属する形でやるべきことを書いていきます。

図：バックキャスティング

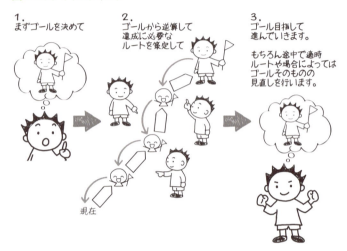

　この逆算指向は慣れるまで難しく感じますが、一度習得すると非常に便利で強力であり、またさまざまなケースで応用可能な考え方であることに気がつくことになるでしょう。

ブレイクダウンする

　バックキャスティングによってゴール側からスタート側まで大雑把にステップを設定したら、あとは各ステップの中を詳細化、つまりブレイクダウンしていくことになります。ブレイクダウンの際にも、先ほどのバックキャスティングが重要になります。要するに、「このステップのゴールは何か？」「そのゴールを達成するために必要なことは何か？」と考えるということです。

ブロックもそれぞれが小さなプロセスです。プロセスはゴールに向かって進む仕事の連鎖です。だからこそ、大きなプロセスであっても小さなプロセスであっても、同じように常にゴールから逆算して必要なことをしっかり漏らさずに列挙することが、良質のプロセスを描く肝になるのです。

図：ブレイクダウン

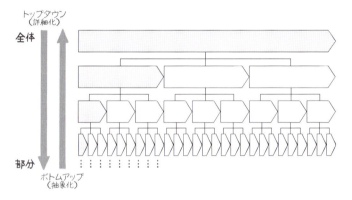

コラム　構造化技法とロジカルシンキング

ここまで読んだ方の中には、「これってロジカルシンキングの話じゃないの？」と感じた方がいるかもしれません。あるいはプログラマやシステムエンジニアなどの経験があれば、「構造化技法と何が違うの？」と感じた方もいるでしょう。いずれもまさにその気づきが正解です。

よくできた物語というのは、何よりもまずロジカル、つまり論理的

です。論理的というのは、非情とか非人間的とかいうのとはまったく異なります。論も理も道筋です。つまりプロセスです。つまり論理とか思考のプロセスであり、論理的とは思考のプロセスに矛盾や無理・無駄・ムラや飛躍がなく、一貫性と整合性が取れている状態なのです。ですから、よくできた物語に出会うと私たちはまず「なるほど！」と感じます。つまり、納得するのです。

　この「納得する」という感覚を安定的に提供しようとすると、感情的なだけでは実現できません。まずは論理的でなければならないのです。論理的でない物語は「ご都合主義的」と呼ばれてしまい、あまり好意的には受け入れられません。これは物語然り、プレゼンテーション然り、そしてビジネスプロセスもまた然り、なのです。

　映画や小説などの物語においては、論理的であるうえでさらに感情を揺さぶるようなエッセンスが求められます。本書がテーマにしているのは「顧客の問題を解決するプロセス」としてのビジネスプロセスというストーリー作りです。ですから無闇矢鱈に過剰に感動・感激を狙う必要はありません。しかし、現代は製品の効能だけを得られればよいというかつての需要過多・供給不足の古き良き時代でもありません。ですから、感情面に対する配慮はやはり必要です。

　とはいえ、やはり基本は「論理的であること」です。その点において、構造化技法やロジカルシンキングの知見はやはり非常に有用だと言えます。

CHAPTER 16

3本のプロセスライン

顧客と支援者の2本のプロセスライン

　さて、プロセス設計を進めていくための基本的な考え方については一通り説明しました。あとは順番に実践していくだけなのですが、ビジネスプロセスというストーリーには最低限でも2人の登場人物が出てきます。問題解決の当事者である顧客とそれをビジネスとしてサポートする支援者です。ですから何はともあれ、この2人のそれぞれのプロセスを描いて、ちゃんと1本の問題解決ストーリーとして絡み合うようにしなければなりません。

図：顧客と支援者の2本のプロセスライン

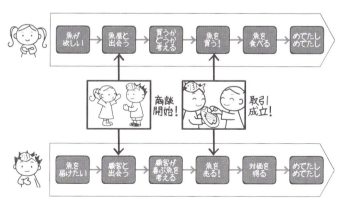

　しかし、現代のビジネス環境では、これだけでは実は不足な

のです。そこで魔法のタネとシカケとしての「IT」という第3の存在を用意してあげる必要があります。

▌「IT」という魔法

IT。インフォメーションテクノロジー（情報技術）の略です。では、ITとは何か。これをちゃんと説明し始めるとずいぶんと長くなってしまうので思い切って強引に短く説明してしまうと、

「ITとはプロセスイノベーションを実現するもの」

ということになります。プロセスにイノベーション、すなわち革新をもたらすもの、それがITです。

もう少し言い換えると、プロセスというのは基本的にアナログなものです。順番に時系列に手順が連続して行われることで成り立ちます。しかし、ITはデジタルです。デジタルとはつまり非連続です。ですから、ITはプロセスに非連続性、つまり跳躍（リープ）を実現します。

ものすごく乱暴に比較すると、小学校の学級連絡網において従来のプロセスは連絡網に書かれている名前の順に電話をかけて1件ずつ情報を伝達していきます。しかもこのときに伝達される情報は劣化の恐れがあります。しかし、メール（最近ではメールといえば電子メールを意味するようにまで一般に定着しましたね）を使えば、一瞬で、かつ同時に、一斉に全員に同じ情報を伝達することが可能です。

図：連絡網のアナログとデジタルの差

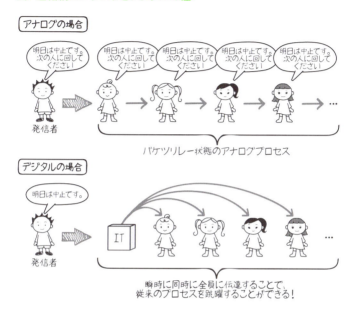

顧客、支援者、ITプロセスの3本のプロセスライン

このような例はITのほんの入口にすぎません。ITをうまく使うことで、まるで魔法のようなビジネスプロセスを実現することも可能です。

もちろんITを使う必要のないケースで無理矢理使うのはバカバカしいですが、一方でうまく使えば劇的に楽になり、かつ顧客にも喜んでもらえるようにすることも可能なのがITの実際です。そこで先ほどの2本のプロセスラインに重ねる形で、3本目として「ITプロセス」もぜひ合わせて考えたいと思います。

図：3本のプロセスライン

　では、これらの3本のプロセスラインをどのように設計していくのか。先ほどのゴール設定やバックキャスティングという観点から、もう少し詳細を見ていきましょう。

コラム　IT化と情報のアナログとデジタル

　IT化とは、データベースによる情報の一元化とネットワークによる情報の即時共有を実現して常に情報を最新の状態に保つことで、「転記と複製の蔓延による情報の劣化をなくす」ことだと言えます。
　ビジネスにおける堅牢なメソドロジーとして長い歴史を誇る複式簿記は、「転記」を基本としています。これは簿記に限らず、従来の情報というのはせいぜい紙でやり取りするくらいしか記録化できなかった

CHAPTER 16：3本のプロセスライン

ためです。つまり、アナログメディアの特性に沿った考え方です。

　しかし、転記とそれに伴う複写は、転記ミスによる錯誤や情報を修正した際の先の版との食い違いの蔓延など、情報の劣化を招きやすいのも事実です。これを克服するのがデジタル化であり、データベースによる情報の集約化・一元化です。これによって情報が常に最新に保たれることがIT化の最大のメリットだと言えます。

　これによってプロセスを流れる情報の滞留・手戻り・やり直し・断絶が解消され、プロセスの整流化・高速化・短縮化・跳躍が実現し、最終的にプロセスイノベーションの実現につながっていくのです。

　ですから、せっかくデジタル化したものを印刷して渡したり、添付ファイルなどで複製を蔓延させたり、人間がわざわざ別の画面に転記入力するのは、作業のPC化であってもIT化とは言えないのです。

コラム　シナリオとソースコードの違い

　ここまでお読みになって、特にプログラミング経験をお持ちの方は「なるほど、プロセスを設計するというのはプログラミングとさほど変わらないな」と感じられることでしょう。事実そのとおりです。

　しかし、コンピュータはプログラミングによるソースコードに書いたとおりに動作しますが、人間が相手のビジネスプロセスはそううまくはいきません。ビジネスプロセスは実際のところ、どこまでいっても所詮はフィクションであると言っても過言ではないのです。

　プロセスを描くというのは人間を思いどおりに動かせるというのではなく、あくまでも行動のガイドラインを示す程度のもので、当事者がその気になれば意志を持っていくらでも逸脱可能であることは、やはりいつも心の片隅にしっかりと意識しておきたいものです。

149

CHAPTER 17

カスタマーエクスペリエンスを描く

顧客のプロセスを描くには

　顧客なきところにビジネスなし。問題解決の当事者なくして支援者の出番なし。そこでまずは顧客のプロセスについて描くことから始めましょう。

　顧客とは何か。ここでは「顧客とは自分の問題を解決するために必要な仕事をする人」と想定します。ですから顧客は問題解決のプロセスを遂行していくわけです。

コラム 顧客のジョブという考え方

　『イノベーションのジレンマ』で有名なクレイトン・クリステンセン氏の提唱する考え方の1つに、「顧客のジョブ」というものがあります。有名な事例として、ミルクシェイクのエピソードがあります。これは、売上が伸び悩んでいたシェイクをどうにか売ろうと味の改良などをしても効果が出ないところ、ミルクシェイクを買う人に「男性・早朝・1人で・車で、来店」する人が多かったため、それらの人々に「どのようなジョブを解決するためにミルクシェイクを雇用したのか」という風変わりな質問をした結果、「車による長時間の単調な通勤の退屈しのぎ」のためであることが判明したというものです。つまり、「退屈しのぎをする」という仕事を顧客がしているのだと喝破したのです。

この考え方は顧客の購買プロセスを想像するときに非常に有用です。なぜなら顧客は「問題を解決する」というジョブを行うのだと想定できるからです。それはつまり、非常にささやかながらもある意味では勇者のようなヒロイックな行為であり、ストーリーというものとの相性が良いと考えることができるのです。

顧客のプロセスを描くということ自体は、比較的古い頃から顧客動線の設計などという形で行われてきたものですが、スマートフォンの急激な普及とそれに伴うビジネスインターフェース（商売上の顧客接点）増大に沿って改めて顧客プロセスの重要性に注目が集まり、「カスタマーエクスペリエンス（CX：Customer eXperience、顧客体験）」を設計するという形で、特にインターネットを活用したビジネス界隈を中心に浸透してきています。このカスタマーエクスペリエンスを描くツールとして、たとえばカスタマージャーニーマップと呼ばれるようなものもあります。ですので、本書だけでなく、これらのキーワードをもとに調べてみれば、さらに自分たちの目的に適合した顧客プロセスのサンプルや考え方などを得られることでしょう。本書でも、顧客のプロセスのことをこれ以降はCXあるいはカスタマーエクスペリエンスと呼ぶようにします。

CX設計において重要なこと

顧客はこちらの都合を考えない

さて、カスタマーエクスペリエンスを設計するにあたって重

要な点がいくつかあります。その中でも最も重要なことは

顧客は我々の都合に応じて行動する義務はない

ということです。つまり、今からいくら精緻にCXのプロセスを設計したとして、それを業務上の役務として顧客が遂行することなどあり得ないということです。ですから、今から設計していくカスタマーエクスペリエンスとは、「顧客がこうしてくれたらいいなぁ」「こんなふうに物事が進むといいなぁ」という、いわば願望めいたものであるというのが正直なところです。

　逆に考えると、こちらの設計したプロセスの流れにいかに気持ち良く乗ってもらうか、流れに乗っかるほうが楽で便利だ、というふうにいかに感じて実際に行動してもらえるような導き方を織り込むか、というあたりがCX設計の腕の見せどころということになります。これはちょうど、映画や小説などの物語でいかに冒頭で面白そうだと感じさせて作品に引き込むか、物語の途中でいかにダレさせずに没入させ続けられるか、というようなことと同じことです。

■ 顧客になる＝冒険である

　さて、もう1つ重要な点があります。それは「顧客になるというのは冒険である」ということです。顧客の側に問題があるとして、しかしそれを何が何でも解決しなければならないかというと、すべての問題が必ずしもそうだとは限りません。ともすれば顧客として行うべきステップに疲れて途中で顧客であることをやめる、つまりCXプロセスから離脱してしまう可能性

152

CHAPTER 17：カスタマーエクスペリエンスを描く

も十分にあるということです。

　顧客は顧客としてのプロセスをたどるにあたって、お金や時間などのコストを投じます。人生において浪費できない大切なものと引き換えにするということです。ですから当然ながら途中で何度も躊躇します。つまり顧客であるということはそれだけ満足のいかない結果に終わってしまうかもしれないというリスクを伴うということであり、それはまさに冒険と呼ぶに値するスリリングな体験なのです。ともすれば私たちは自分たちのビジネスが日常的になりすぎていて、顧客がどれだけ心的な負担を背負うのかを忘れがちであり、結果の効能だけを声高に掲げがちです。しかし、それがいきすぎると「世の中、うまい話などない」という猜疑心を顧客の中に育むことにもなりかねません。顧客のリスクに対する心理的なストレスに配慮するのは重要なことなのです。

　とはいえ、リスクがゼロだと逆に「つまらない」と感じて「欲しい・買いたい！」と思わないのが、需要を供給が上回った現代社会の難しいところでもあります。CX プロセスの中で悩んだり迷ったりするのも 1 つの楽しみになるように、ささやかな棘はあえて残すなどの工夫も必要になったりします。これらを鑑みたとき、単に自社製品・サービスのスペックの優劣ではなく、もっと「楽しい！」「嬉しい！」というようなエモーショナルな観点を忘れないということも大切になってきます。

▌CX の作り方

　では順番にカスタマーエクスペリエンスの作り方について見

153

ていきましょう。当然ながらストーリー指向で考えながら作っていくことになります。

ゴールを設定する

まず何はともあれゴールの設定です。たとえば、今回のテーマがレストランだったとして、どこからどこまでのプロセスを対象にするのかという範囲（スコープ）を決める必要があります。まだお店の存在を知らないところから始まってアフターフォローまでのストーリーを描くのか、それともそのような大長編の一部のエピソードを切り取って、来店から支払いまでのプロセスを描くのか。まずは今回のゴールとスタートを決めて対象とする範囲を設定します。

図：スコープはどの範囲?

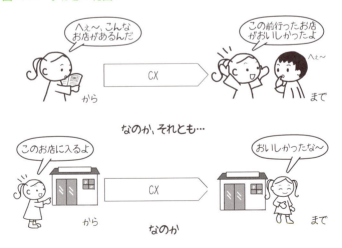

CHAPTER 17：カスタマーエクスペリエンスを描く

コラム ビジネスは結果がすべて？

あちこちで使われているもっともらしい言葉ですが、省略しすぎの言葉遣いです。結果を出すにはプロセスが必要です。結果を出すために必要なプロセスをデザインし、そしてそれを実行しない限り、期待する結果は得られません。

結果よりもそこに至るまでのプロセスこそが重要だ、などと嘯（うそぶ）きながら一向に結果の出ないプロセスに執着し続けるのもバカバカしいことですが、プロセスを考慮せず結果だけ言い募（つの）るのは有害無益で愚かなだけです。

物事には因果関係があります。結果を出すには原因となるプロセスが必要である以上、切り離して論議することはできないのです。

コラム 顧客とは誰か？

営業職の人にとって顧客というのは想像しやすい存在です。では、たとえば総務や経理という立場の人にとっては顧客は存在するのでしょうか。

ここで顧客とは何かというところに立ち返ってみましょう。人はいつ顧客になるのか。自分の問題を自分で解決できないときに、人は顧客になるのでした。そして一方でビジネスとは誰かの需要＝問題解決を支援することで対価を得ることでした。ならば、たとえば経理という立場は、ビジネスとしては誰の需要に応えているのでしょうか。

端的に言えば経理にとっての顧客とは、自社の経営者です。経営者が会社の経営状態を把握したいと思っていても、そのための各種資料を作る暇がないとなれば、それは1つの問題です。その問題を解決するために経理は月次決算報告などの各種書類を作ります。つまり、経営者の需要に応えて問題を解決しているわけです。もし仮に経営者がスーパーマンのような人で、いつでも自分でさっさと各種資料を作れるようであれば、経理というものへの需要は減りますし、少なくとも各種資料を作るという仕事は不要になるでしょう。なぜならそれを供給しても需要はすでに満たされているからです。

　トヨタ生産方式で使われる言葉に「後工程はお客様」というものがあります。とすれば、自分の後工程に位置する仕事が自分にとっての顧客ということになります。たとえば、生産管理部門にとっては、自分たちが作った生産計画に基づいて後工程である調達部門の取引先への発注や製造部門の現場への指図などが行われるわけですから、調達部門や製造部門が生産管理部門の顧客であるわけです。

　このあたりの概念を考え進めていくと、たとえば京セラ創業者である稲盛和夫氏のアメーバ式会計などに行き着きますし、あるいはIT屋さんにとってはマイクロサービスという概念との類似性を感じる方もいるでしょう。

　仕事というのは言われたからやるものではなく、そもそも誰かの需要に応えることを通じてその相手の問題解決を支援しているのだということを自覚すれば、どんな立場であっても必ず顧客が存在するということに気づくことでしょう。

　何がどうなれば今回の「めでたしめでたし」なのかをちゃんと最初に設定することが大切です。このときに、くれぐれも「売上が入ればめでたしめでたし」というふうに自社の都合で決め

ないことです。売上は最上位のKPIの1つですが、所詮はKPIであり、KPIは結果の投影にすぎません。売上を得るには顧客が支払いという具体的な行動をする必要があるというのは前述のとおりです。今描こうとしているのはCXプロセスです。カスタマーエクスペリエンスというストーリーです。顧客が問題を解決するに至るまでのプロセスです。顧客にとってのゴールを設定することから始まるのです。

■ トップレベルのプロセスを決定する

さて、こうしてスコープが決まると、自ずとスタートからゴールまでのトップレベルのプロセスの外形が定まります。問題解決までのビフォー・アフターというところでしょう。

図：トップレベルのプロセスの決定

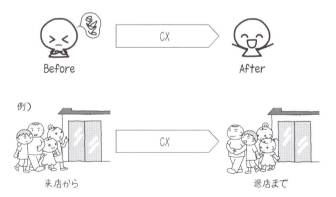

■ ステップに分割し、ミニゴールを設定する

次はこれを大雑把にステップに分割してみましょう。大雑把

に分けた各ステップの間には、マイルストーンとしてのミニゴールを設定します。この場合に、ゴールからの逆算、バックキャスティングを意識しながら分割していきましょう。

図：ステップに分割する

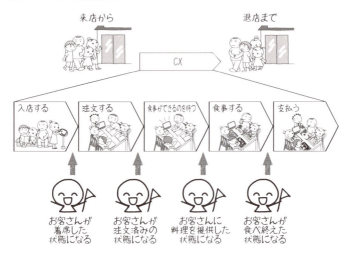

大きなストーリーの場合は、ステップごとにさらにこれを繰り返してブレイクダウンすることで、扱いやすい大きさにブロック化していきます。こうすることで、「ひょっとしたらこんな場合もあるかも」などの悩みや迷いが生じても、それがどのステップの中のことなのかを意識することで、他のステップの悩みごとなどと混ぜることなく考え進めていくことができるようになります。これによって行き詰まりを最小限に抑えることができます。

CHAPTER 17：カスタマーエクスペリエンスを描く

■ ディテールのプロセスをどんどん描いていく

ここまできたら、ディテールのプロセスをどんどん描いていきたいというふうに感じられる方も多いことでしょう。あとは思いつくごとに必要な活動・成果や受け渡しや保管・ピックアップなどを書いていけば OK です。

▎背中を押してあげる

さて、先ほど CX プロセスは顧客にとって冒険だと述べました。ですので、何もせずに放っておくと、いつまでもプロセス上の 1 ヵ所に立ち止まって進まなくなってしまいます。そこで顧客が CX プロセスをどんどん前に進んでいけるように、後押ししてあげるイベントなどをストーリーの中に組み入れてあげる必要があります。たとえば、広告などはその最たるものですし、昨今ではスマートフォンを通じていろいろな告知をアラートとして通知する仕組みなども可能です。それらを具体的にどのように実現するかはこの後で考えていくとして、顧客の自発性だけに任せ切らずに、とはいえ決して心理操作をしてやろうなどと思うのではなく、顧客の問題解決のお役に立つために、CX プロセスがスムースに流れるために必要なことを考えて、プロセス設計に加えていきましょう。

159

図：「ぼぉ〜」〜アラート〜「行かなきゃ！」

　このときに気をつけるべきは、「機能指向にならない」ということです。背中を押してあげるために何をすべきかという議論を始めると、ともすれば、どんな機能を提供すればいいか、というような供給側・開発側の論理にいきなり陥りがちです。
　しかし大切なのは、

- 顧客の問題解決を支援するために顧客に何をどうしてほしいのか
- そのような行動をしてもらうために顧客の心がどんなふうになってほしいのか
- そんなふうに思ってもらうために何がどうなればいいのか
- その状況を実現するために我々は何をどうすればいいのか
- 我々がその行動を実現するためにどんな機能があればいいのか

というように、あくまでも顧客が主人公なのだという観点から考え進める思考プロセスをしっかりと行ってほしいのです。でないと、ぶつ切りで断片化された機能が適当に羅列されたプロ

セスになってしまい、1つの問題解決ストーリーとしての流れを阻害してしまい、顧客が流れに乗れない・乗りたくない状態になり、顧客であることをやめる・離脱するということにつながりかねないからです。

自分たちが提供する支援が素晴らしいものであるほど、それをお届けするまでの間に顧客が離れてしまうのは本当にもったいないことであり、社会的損失です。胸を張って堂々と対価をいただくためにも、主人公である顧客を問題解決に導くという視座に立って設計を進めてください。

図：顧客を問題解決に導く

ここまできたら、一通りカスタマーエクスペリエンスについてはできあがりです。次はもう1つのプロセスラインである支援者側のプロセスを設計していきましょう。

CHAPTER 18

サービスデザインを描く

プロセスをサービスとして考える

■ インターナルプロセスからサービスデザインへ

　顧客のプロセスが昨今では「カスタマーエクスペリエンス」というお洒落な呼称になってきているのと同様に、従来ビジネスプロセスとか業務プロセスなどと呼ばれてきた、いわゆる社内のインターナルプロセスについては、近年「サービスデザイン」や「サービスプロセス」という呼び名が使われつつあります。ですので、かつてプロセスマップと呼ばれていた図表現が、サービスブループリントなどというふうに呼ばれるものになったりして、新たな知見が積み重なる領域として確立しつつあります。

　ですからこれらは基本的に、表向きには従来的なビジネスプロセスを描くための手法と何ら変化のないことをするわけですが、それでも名は体を表すであり意図するところが昔と比べてずいぶんと違っています。それは「サービス」として考えるということです。

■ 受益者は誰か、本当に意味があるかという視点

　ともすれば従来の社内プロセスに対する図示化・検討などは、プロダクティビティ、すなわち労働生産性の効率化に意識のほとんどが投入されてきました。しかし、BPRでのカスタマー

162

フォーカスの援用を経て、そもそも受益者は誰か・受益者に対して本当に意味のあるものをアウトプットしているのか、というような観点からプロセスを考えるべきという風潮になっています。まさにサービスとしてのクリエイティビティ、つまり創造力の観点からしっかりと考えていこうという機運になっているのです。

　これは非常に大きなパラダイムシフトだと言えます。つまり、従来は効率性・合理性を重視していましたが、そもそもそのプロセスの存在意義自体は「実行して当たり前」ということで深く考えるというのは希薄でした。つまり「なくてもよいプロセスを効率的に実行する」などという、少し視座を上げて見下ろすといささかバカバカしい状況もあったのです。しかし、これからの内部プロセスというのは、受益者、すなわち顧客のために存在する意味があるのかということから問い直していくことが大切なのです。

■ つまり、サービスデザインとは

　サービスであるからには顧客が存在します。顧客は必ずしも社外の人とは限りません。たとえば、福利厚生にまつわる部門にとっては、その福利厚生を利用する人、つまり自社の社員やその家族が顧客になります（155ページのコラム「顧客とは誰か？」を参照）。顧客の問題解決をするのがビジネスであり、顧客の問題解決プロセスがカスタマーエクスペリエンスである。それを支援するのが各種のサービスというプロセスです。言い換えると、カスタマーエクスペリエンスをスムースに次々と進

めていくのがサービスデザインだということになります。

サービスデザインの進め方

■ ゴール設定が大切

では、どのようにしてサービスデザインを進めていくか。つまりサービスプロセスの設計を行うのか。サービスもまたプロセスである以上、ゴールを設定してバックキャスティングとブレイクダウンを行うことで設計します。ですから、まずはゴール設定が大切です。

では、そのゴール設定はどのように行うのか。ここで先ほどカスタマーエクスペリエンスを設計しているときに出てきた「背中を押してあげる」というのがポイントになります。

■ CX のミニゴールとサービスのゴール

たとえば、顧客が「お店に行きたい！」と思うようになるには、こちらが背中を押してあげることも必要なときがあるでしょう。そんなときに手元のスマホに「ピロリン！」と「今からとっておきのお買い得セールをしますよ」とメッセージが届くと、顧客の背中を押すことになるかもしれません（ものすごく雑に説明しています。実際にはそんな単純なものじゃありませんし、もっと細やかで丁寧にアプローチしないと通知機能をオフにされかねません）。

つまり、大きなカスタマーエクスペリエンスの中の小さなワンシーンとして「その気のなかった顧客が、お店に行く気持ちになる！」というふうにミニストーリーを設定したとき、その

背中を押すサービスデザインのゴールは、「顧客の気持ちが"お店に行きたい！"になる」と設定できます。そのゴールを実現するために、支援者として何をどうすればいいのかを考えるのです。

図：CX のミニゴールとサービスのゴール

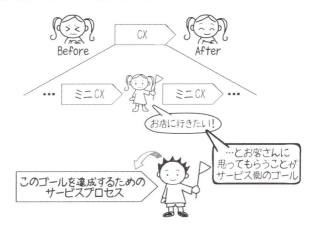

■ ミニゴールの達成に必要な仕事を考える

この「顧客の気持ちが"お店に行きたい！"になる」というゴールを達成するためには、放っておいても何も起こりませんし、変わりませんから、何かをする必要があります。そこで「顧客のスマホにお知らせを送る」という活動を置いてみましょう。すると仕事は連鎖しますから、「受信したお知らせを見る」ということを顧客がしてくれることでしょう。

顧客はあくまでも自由意志で行動しますから、受信したメッセージを閲覧しなければならないという業務上の責務のような

ものは決して存在しません。しかし、それを言い出すと話が進まなくなるので、ここではこのお知らせの通知が魅力的な行為であると感じてもらえることを期待しましょう。そこで閲覧したお知らせの内容が興味深いものであれば、きっと「お店に行きたい！」と思ってくれるに違いありません（と想定しましょう）。

図：素敵なお知らせが届いたら、お店に行きたくなる!

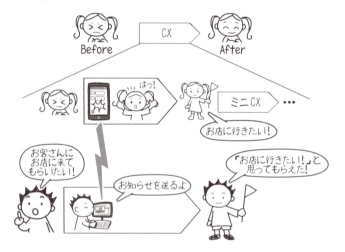

CHAPTER 18：サービスデザインを描く

そうすると、ここで支援する側として必要になってくるのが、

・興味深いお知らせを作る
・そのお知らせを顧客に伝える

ということになります。

ここでは話を進めやすくするために最初からスマホという手段を想定していますが、これは別に手紙によるダイレクトメールや電話によるアウトバウンドコールでもよいのであり、自社の商品・サービスや顧客、あるいはお知らせの内容などの特性に応じてメディアを設定することになるでしょう。

仕事をいつ誰が行うのか連鎖を描く

ともあれこの2つの仕事をいつ誰が行うのかを決めて、連鎖を描くことになります。今回は店長さんが自分で決めて通知の実行まで行うものとしましょう。そうすると、次のようになります。

167

図：このフローをマジカで書き直す

サービスデザインにおける注意点

　これを繰り返していくことで、サービスデザインを進めていきます。ですから、CXを起点として考えていくとサービスデザインというのは意外とシンプルになるものです。しかし、ともすれば現状の業務の複雑さがどうにも気になってしようがないということもあります。それらについていくつか補足しておきましょう。

■ ビジネスルール

　まずは「ビジネスルール」についてです。ビジネスルールとは、たとえば「送料が本州と離島では異なる」だったり、「保険料が年齢によって異なる」だったり、「所得税率が所得金額によって異なる」というようなものです。

　これらは、たとえば「送料が本州と離島では異なる」の場合

ですと、どうしても気持ちは先に「離島の場合には……」と考え進めていきたくなりがちです。しかし、一度落ち着いて考えてほしいのです。これは「何の」ルールなのかということです。

この例の場合であれば、何はともあれ「送料の求め方」というルールです。つまり、「送料」についてのルールなのです。仕事としては「送料を計算する」という仕事であり、その成果は計算された結果の「送料」ということになります。

図：活動＋成果

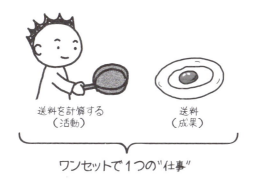

ですから、まずは、送料を求めるときの基本形・原理原則というものを主軸として定める必要があります。そのうえで「場合分け」などは補記として別紙なりに記載するというのが現実的な方法でしょう。

ビジネスルールについてのポイントは、「成果を先に決める」ことです。ともすれば細かい枝分かれした場合分けのことに目が吸い寄せられますが、それらはあくまでも結果を得るための過程にすぎないのです。「送料を計算する」という小さなストー

リー／プロセスなのだと理解して、やはりまずはゴールを設定することから行うということを徹底しましょう。

図：ビジネスルールの補記のしかた

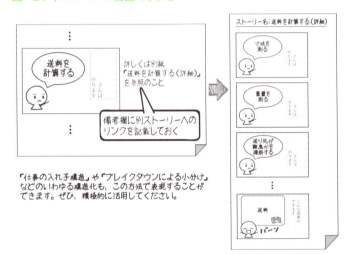

■ 運用

次に、「運用」という話についても触れておきましょう。インターナルプロセスの話をしているとよく出てくるのが「運用プロセスをどう考えるのか」ということです。これも「運用というサービス」であり「運用というサービスの受益者は誰か」ということを考えれば、自ずから答えは導き出せます。

これを厳し目に言い換えるなら、受益者を不明瞭にし「その他いろいろ」の雑多な業務を引っ括めて「運用」というふうに呼ぶ悪習慣が根付いてしまっているから、運用をどう設計したらよいかという問いになってしまうのです。

稼働しているシステムの日常的な監視業務も「運用」。利用者からの問い合わせに対応するのも「運用」。コールセンターからエスカレーションされてきたことに対応するのも「運用」。……などと、基準なく引っ括めておいて、それらに共通性を見出そうというのは、それはやはり困難です。やはり原理原則に従って、受益者は誰か？ その人のどんな問題解決に寄与するのか？ まずはそれらを定義することから始める必要があります。

とはいえ、現場においては「気になることを優先したがる」傾向が強いのも現実で、それをさばいていかないと話が前に進まないのも事実です。そこで次のようにして、ある程度までさばいてしまいましょう。

まず「かもしれない」を列挙します。「顧客から問い合わせがあるかもしれない」だとか「システムがダウンするかもしれない」など、思いつく限りを出しましょう。

次にそれらの「かもしれない」に対して、個別に「誰が困っているのか」「困りごとは何か」という定義をしていきます。そして次に「何がどうなれば、その困りごとは解決したことになるのか」ということを定義します。

図：かもしれないからの 3 点定義

誰が
困っているのか？

困りごとは
何なのか？

何がどうなれば
解決したことに
なるのか？

このうちの最後の「何がどうなれば、その困りごとは解決したことになるのか」というのが、この「運用」というサービスのゴールになります。このゴールに対してセオリーどおりにバックキャスティングとブレイクダウンを活用しながらサービスをデザインすればよいのです。

図：運用のサービス

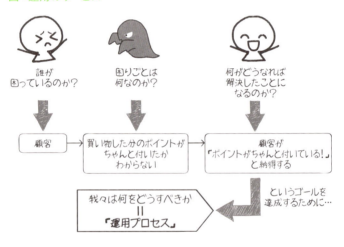

「運用」という言葉は、思考停止しやすい単語です。くれぐれも枝葉の場合分けに振り回されることなく、「顧客の問題解決を支援するのがサービスである」という原理原則に徹して考えるという習慣を身に付けるようにしてください。

コラム 「かもしれない」と予防措置

　「かもしれない」を数多く想定することはいくらでもできます。しかし、それがネガティブなものであるほど実際に起こってほしくないものでもあったりします。ですから

　「かもしれない」が起こらないようにするためにやること

すなわち「"かもしれない"を予防する」という予防措置を想定する必要が出てきます。

　そしてここで重要なのは、この予防措置自体は「日常的に行うこと」としてレギュラーな本来処理にしっかりと組み込んでおかないといけないということです。でなければ予防が実施されずに「かもしれない」を招来してしまう"かもしれない"からです。

　予防措置はともすればコストに見えがちです。しかし、想定していたにもかかわらず何の予防も行わずに実際に問題が発生したときの心理的なダメージは、意外なほど大きいものです。そして、プロセスも組織も人によって運営されています。人には心があり、そこにダメージを受けると、やはりいつもどおりに行動できるものではありません。

　もちろんリスク管理の基本としての想定リスクの取捨選択というのはありますし、何でもかんでもやっておけばよいとも言い難いのですが、いわゆる「魔が差した」状況を引き起こすのをできる限り避けられるように、可能であればぜひ予防措置の実施を織り込んでほしいと思います。

■**例外処理**

さて、最後に「例外処理」というものがあります。これまでの「ビジネスルール」と「運用」の合わせ技的な感じで日常的に使われる言葉でもあります。たとえば、「請求書に不備があった場合」などのような、これもまた「場合分け」の1つなのですが、これは第2部で触れた「もしもの世界」のお話になります。第2部では「後ほど説明します」として流しましたが、ここでその説明をします。

まず例外処理というのは例外ということですから、本来処理というものが存在します。「もしも何も起こらなければ」という最も基本的な場合分けと考えることもできるでしょう。

図：本来処理と例外処理

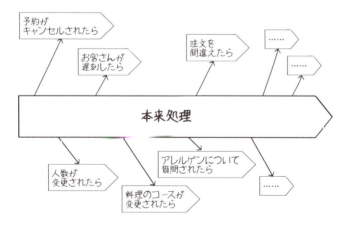

何度も触れたように、場合分けが出てくると、その枝葉のほうについつい視線が引き寄せられますが、何事も基本形があっ

ての応用です。「もしも」の世界も同じです。もしもがない基本
的な原理原則の場合という「場合」があるのです。ですから、何
はともあれこの本筋・本流、すなわちメインストリームのプロ
セスを明確に描いてやる必要があります。

このメインストリームの設計のしかたは今さら改めて言うま
でもなく、ゴール設定をしてバックキャスティングとブレイク
ダウンを駆使すればよいのですが、それをしっかりと描くとい
うのを意外と疎かにしがちです。誰もが先に例外の話をしたが
るのです。

しかし、例外はバリエーションが多いとしても、その個別の
実施量は決して多くありません。実際の仕事として実施する絶
対量が多いのであれば、それは例外ではなく本来処理だからで
す。一番多いケース、つまり本来処理の設計を終わらせて心配
を減らすほうが良質のプロセスを設計するということに大いに
寄与するのです。

さて、本来処理が描けたらそこに例外処理を追記していくこ
とになりますが、例外のケースが非常に多くて整理に困ること
があります。その場合は入れ子を上手に使いましょう。つまり
「もしも請求書に不備があった場合」は「不備に対応する」とい
う仕事を行うことにして、その「不備に対応する」という仕事
の中で、さらに「請求書の日付に誤りがあった場合」や「取引
先の口座情報に不備があった場合」などのようにさらに小分け
していくのです。

図：例外処理のネスト

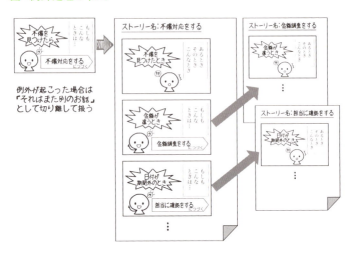

　こうすることで、本来処理に一切影響を与えずに例外処理同士の混線も防止して、個別に対応方法を検討することができます。これも一種のスコープ（範囲）管理の手法です。できるだけ個別のケース分けを小さくして「小さな例外という問題を解決する」というマイクロストーリーとしてプロセス設計を進められるようにするということです。

CHAPTER 18：サービスデザインを描く

コラム BPRと滞留とリソースデッドロック問題

　業務フローを描いて業務改善しましょうとは、よく言われる話です。ですが、現実問題として業務フローの何をどうすれば業務改善ができるのかというと、割と微妙です。

　フロー図はたいていの場合、箱と矢印の連なりで描き表されています。ですから、目指すところは「長さを縮めること」というふうになりがちです。マジカであればカードの枚数がそのまま長さに直結します。そこで箱あるいはカード、すなわち個々人の作業を減らすということが改善のための方策とされます。

　ところが、実際に現場での例を膨大に見てきて感じるのは、それぞれの作業そのものに必要な時間というのは、実はさほどでもないのです。そして、矢印でつながっている箱のそれぞれの作業時間を全部足しても、そんな膨大な時間にはなっていません。たとえば、次のようなフローがあるとします。

図：開始から終了まで15分のフロー

　当然、合計所要時間は15分のはずです。ところが現実には開始から終了までに3日かかっていますとか、下手すると2週間かかっていますとかいうケースが多く見られます。では、これを「フローを短縮しましょう」といって、箱を減らしたとして所要時間が10分になるのかというと、あんまり期待できそうにありません。つまり、業務

改善においてフローそのものをいじることで得られる効果というのは、実はさほどでもないということになります。

　現実問題として、箱を減らそうとしても昨今のコンプライアンス（J-SOX や ISO や ISMS など）対応をちゃんとすると、必然的に削れない仕事が増えます。1980 年代の牧歌的な OA ブームの頃ならいざ知らず、現代においては「やらざるを得ない」ことというのが山ほどあるのが現実です。

　では何をどうすればいいのか。実は見るべきは「滞留」ということになります。前工程から何かを受け取ったら即時でその作業に着手しているのかというと実はそうではなくて、たいていの場合はそれを各自が溜め込んでしまうという状況があります。いわばボールを受け取ったらさっさとパスを出せばいいのに、自分がずっと持ち続けている状態です。

　では、なぜさっさと着手しないのか。持ち続けるのか。結果としてフローを滞留させているのか。言い換えると「なぜ、人は物事を先送りするのか」というところが、本当に直視すべき問題の本質なのです。そしてこれは、実は「他のプロセスを行うのに忙しいから、そもそも着手すらしていない」ということでもあります。

　この「他のプロセス問題」は別の現象も引き起こすことがあります。

　たとえば、2 つのプロセスがあるとして、その両方に A さんという人（リソース）が登場するとき、2 つのプロセスの重要度あるいは優先度は、どちらが上か下かということを決めているかというと、まずもってそのような例を見かけません。

　つまりプロセスというのは、たいていにおいていつも個別に単独で検討されていて、複数の業務フロー同士の重なり合い・関わり合いというものを考慮されることはなかなかないのです。

　しかし、現実には重なることが頻繁にあります。わかりやすいのは、女性が受け持つことが多い事務職です。仮に A さんが営業事務

を受け持っているとします。今は16時すぎとしましょう。営業のＢさんが「この提案書をコピーして xx 社の某さんに郵送しておいて」と依頼します。その直後に今度は別の営業のＣさんが「明日さ、急に札幌のお客さんのところに行くことになっちゃったんで、交通費の仮払いお願い！」と申請書を持ってきます。そこにさらに別のＤさんが「今、お客さんから電話が入って、先月末の請求書の金額が違うんじゃないのって言われたんで至急確認してよ」と駆け込んできました。

　さて、自分がＡさんだとして、この3つの依頼、すなわち

・Ｂさん：提案書送付
・Ｃさん：旅費仮払い
・Ｄさん：請求金額確認

のどれを最優先するかの判断は難しいのではないでしょうか。

　そして、Ａさんがあれこれてんてこ舞いしているうちに、それぞれが「さっきの件どうなった？ え？ まだなの？」なんて言ってきたりしたら、「いい加減にして！」と切れてもしかたない気がします。

　しかし、依頼した側からすると他の依頼があることがわかりませんし、とにかく自分の関わっている分にさっさとケリをつけてほしいとしか思っていません（し、それ自体は自然なことです）から、Ａさんの困りごとには気づかなかったりします。

　このようなケースが非常に多いのが実態で、これを解消する取り組みがなければ、いくら個別のプロセスを綺麗にしても実は部分最適化でしかないのです。というよりも、全体最適化なんてそもそも可能なのか、という気すらしてきます。

　というわけで、個別のプロセスの最適化もさることながら、それ以上に重なり合ってしまった場合のプロセス間の優先度・重要度の定義・設定をどのようにするのか、あるいは担当者がどういう基準で判

断・決定をすればよいのか、というようなルール作りが実は大切になってくるのです。

　ここまでで、サービスデザインについての一通りの説明が終わりました。ですので、顧客が問題を解決するストーリーとしてのカスタマーエクスペリエンスを支援するサービスデザインという形で、およそあらゆるビジネスのプロセスがこれで設計できるようになったわけです。しかし、現代はより一層のスピードや体験を求められています。そこでITの出番ということになるわけです。

CHAPTER

19

ユーザシナリオを描く

ITを利用するということ

　ここまでは、問題を解決する主体である顧客とそれをサポートする支援者としてのビジネス側とを区別する形で話を進めてきました。しかし、ここからは両者を共通のITユーザ（利用者）として引っ括めて話を進めていきます。

そもそもITとは

　かつてITという言葉がまだなかった頃、それでもプロセス効率化のためにすでにコンピュータやネットワークの技術が社内システムとして活用されていました。しかし、1990年代後半において、

・Windowsの普及によるPCの個人ユースが激増した
・インターネットの商用利用が可能になった
・WWW（World Wide Web）が爆発的に普及した

ことが重なり合った結果、インターネットを通じて企業が個人の自宅にあるPC越しに顧客とつながれる時代が到来しました。つまり、これまでカスタマープロセスとインターナルプロセスは厳密に分離されており、アナログなメディア（対面・電話・手紙など）を通して接触していたのが、デジタルを介在して企業と顧客が直結したのです。

図：社内システムと IT の違い

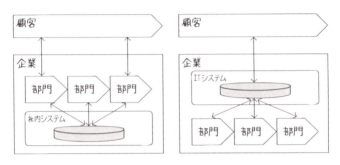

　そして、社内システムとこのインターネットを通じたインターフェースシステムとを分離しておくのは非効率に見えてくるのは必然でした。システムが一本化・統合化されれば、企業内の業務担当者も顧客も同一システムの利用者として１つの系の一員となり融合する、つまりプロセスインテグレーションが実現することになります。これは、従来のOA（オフィスオートメーション）化などのような社内の業務効率向上などとは根本的・本質的に異なるパラダイムだという認識が生まれました。その新しいパラダイムを表現するために生まれた言葉、それがIT（インフォメーションテクノロジー、情報技術）です。そもそもITとはBPRやCRMなどと同じくビジネス用語なのです。

CHAPTER 19：ユーザシナリオを描く

コラム 「ITは虚業」がもたらした日本の停滞

わざわざあえてITという新しい単語が生み出されたのには理由があります。それは一言にすると

「インターネット meets 企業システム」

です。インターネットはWebと言い換えてもよいでしょう。そして、企業システムは、ITという言葉とほぼ同時期に頻繁に使われるようになって定着したエンタープライズという言葉に置き換えてもよいでしょう。社内プロセスの効率化ではなく、顧客の購買プロセスを効果的にサポートするためのシステム化。これこそがITの本質です。

ところが、日本では、ITという言葉はまず「IT株」ということで当時携帯電話の販売で急成長していた企業などを示す形で使われ始めました。その後は、インターネット上のホームページを作成するようなWeb関連の事業をITと呼びました。一方で、従来からシステム開発をしてきたような企業は、ITという言葉から距離を置いていました。

そんな中で起こったのがいわゆるライブドア事件です。重要なのはこの事件に関連して「ITは虚業である」という言葉が跋扈し、一般的な認識として定着してしまったということです。大企業の経営者ですらITの本質を理解することなく、この「虚言（とあえて言います）」を鵜呑みにして「真っ当な経営者であればITなどというものには手を出さない」というような風潮すら存在しました。そんな中で従来から企業システムの開発を手がけてきたところは、「自分たちはITではない」としてSI（本来はシステム統合の意）という言葉の意味を曲げて代用するに至りました。

そんなことをしているうちに、グローバルではITすなわちWebが

183

ベースとして当たり前の状態になっていき、その延長上にクラウド
やスマートフォンを中心としたモバイルが一気に発展していきまし
た。クラウドもモバイルも IT であるとして距離を置いてきた大半の
日本企業は一気に世界に遅れることになったのです。

　これはそのままビジネスのパラダイムにも差がついたことを示し
ています。IT という言葉が生まれてから 20 年が経過して、欧米（あ
えて欧米と言います）では顧客プロセスを中心に据えて考えるのが
当たり前のものとして定着しました。たとえば、従業員に権限委譲を
してエンパワーメントをするというのは、実は IT 時代により一層効
果的な顧客サービスを提供するための施策であって、決して単なる
組織論・人材論ではないのです。IT によってマネジメントのパラダ
イム自体がすでに「効率的な生産性向上（プロダクティビティ）」か
ら「効果的な顧客創造（クリエイティビティ）」を重視する時代に変
わっているからこそなのです。

　効率化が不要とは決して言いません。キャパシティに余裕のない
状態で顧客創造など覚束ないのも事実です。しかし、IT の本質が顧
客直結であり、それがプロセスイノベーションを実現して余計なコ
ストイーターとなっている中間層をどんどん排除・中抜きしていく
ことで競争力を増していく源泉になっているのだということに向き
合う覚悟が必要な時期にあることは、何度繰り返しても足りないと
いうことはないと断言します。

■ IT を前提としてプロセスを設計する

　IT とは、つまり単なる技術の話ではなく、まったく新しいビ
ジネスの在り方を示す言葉だったのです。昨今の IoT（Internet
of Things）だったりデジタルビジネスとかビジネスデジタライ
ゼーションなどは、IT の本質がプロセスイノベーションである

ことをさらに推し進めた、いわばIT 2.0的なものであり、ITについてはもはや当たり前という前提のもとに語られている概念です。

　IT化されたビジネスにおいては、社員や顧客という区別は意味をなさなくなっていきます。顧客の問題を解決するという1本のストーリーを達成するためのチームメンバーとして溶け合い、混ざり合っていきます。仕事のための仕事は、問題を解決するというストーリーにおいてはノイズでしかないため、排除されていきます。プロセスの軸としてのITシステムを中心として、顧客も社員もITシステムの利用者であることを通じて、プロセスの一員となります。

図：みんながプロセスの一員

ですから、これからの時代においては良質のプロセスを設計するというのは、IT を前提にしたものになっていくのは抗いようのない必然なのです。

■ IT は大道具・小道具

　とはいえ、一方で IT は主役ではありません。主役は顧客であり、それを支援する人たちがいます。IT は主役や支援者たちを支える環境です。言い換えると、大道具・小道具なのです。

　映画や小説などの物語において、重要なのはストーリーであり、ストーリーとは人間の成長を描くことであり、それは問題の克服ということです。しかし、その後ろでしっかりとした舞台として大道具・小道具が用意されていないと、ストーリーどころではありません。時代劇に最新型だからとビームサーベルを持ち出したら、ストーリーどころではありません。CX や営業部門のサービスデザインをそっちのけで SFA パッケージを入れればいいのだなどとすると、まったくうまく使えずに終わるでしょう。場違いな道具は混乱を引き起こすだけです。

　一方で、20 世紀型あるいはビフォー IT 時代の社内プロセス効率化のままの考え方の延長で、顧客と分断されたプロセスを描いて「IT 化だ」などと言っても、それは IT 化でも何でもないのですから、IT 化という言葉に対して期待するような成果など得られるはずもありません。

　これらを踏まえて、カスタマーエクスペリエンスとサービスデザインの両方に対して「IT を利用する」という視点から「ユーザシナリオ」を挿入していきます。

186

ユーザシナリオの進め方

ユーザシナリオとは

では、ユーザシナリオとは何でしょうか。これは「1つの仕事を行う際に、ITを利用する場合のその手順」ということになります。この言葉にはいくつかの意味が入っています。

まず「1つの仕事を行う際」となっています。1つの仕事＝活動＋成果です。ですから、ユーザシナリオのスコープ（範囲）は1つずつは非常に小さいということです。

もう1つは「ITを利用する場合のその手順」となっています。手順＝プロセスです。つまり、ユーザシナリオもまたプロセスであるということで、プロセスの原理原則に準ずる形で考えていくことになります。

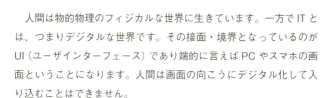

コラム UIの裏側のデジタルワールド

人間は物的物理のフィジカルな世界に生きています。一方でITとは、つまりデジタルな世界です。その接面・境界となっているのがUI（ユーザインターフェース）であり端的に言えばPCやスマホの画面ということになります。人間は画面の向こうにデジタル化して入り込むことはできません。

デジタルなITワールドに対して人間側の世界はアナログです。アナログというのは、つまり連続的だと言うこともできます。一方でデジタルは非連続です。画面の向こうのデジタルワールドでは、ネット

ワークでつながり合い、無数のプログラムがさまざまな処理を高速で実行し、データベースが大量の情報を管理していますが、これらのプロセス（デジタルであってもプロセスはプロセスです）は、アナログのときとは比較にならないほど同時に大量に高速に一瞬で実行されています。

　これを人間界の常識的な感覚のままで扱うと、まったくその効果を活かせません。よくあるのが「PC 上で作成したファイルをメールに添付して送る」です。これはアナログ的なバケツリレーの感覚です。「作る」「添付する」「送る」「受け取る」という仕事が順番に行われるプロセスです。

　しかし、このファイルをデータベースに変えるだけで、事態は一変します。「画面上で入力する」、それだけです。入力された情報がデータベースに格納されたら、他の人は必要なときにそれを見れば最新の情報を閲覧できます。先のファイルとメールの例だと、もし内容に修正があれば再び「修正する」「添付する」「送る」「受け取る」という一連のプロセスを行う必要があります。しかし、データベースを使っていれば「画面上で修正する」だけです。あとは何もする必要がありません。

　もし仮に「修正されたら通知してほしい」ということであれば、それを人間がわざわざメールする必要はありません。データベースの状態を検知して通知プログラムが勝手に通知してくれます。その典型例が LINE や Facebook や Twitter などのチャットあるいはメッセージ系の SNS です。入力したテキストはデータベースに格納されると同時に瞬時に友だちに通知プログラムが通知します。その通知を受け取ったら、時間のあるときに見ればデータベースから取得したテキストが画面に表示されます。

　PC で作成したファイルを印刷して別の部署に渡して、それを受け取った側がまた別のファイルに再入力するなどというのは、個別の

書類作成作業が PC で多少便利になったというだけであって、IT 化というにはほど遠いと言わざるを得ません。

　デジタルワールドでは電子的に情報のテレパシーやテレポーテーションを実現するのだ的な、ある種の SF っぽい感覚で向き合うほうが実は恩恵に浴せたりするのです。

■ ユーザシナリオを考えていく単位

　さて、これ以降はユーザシナリオを考えていく「1 つの仕事」のことを「ワークセット」と呼びます。単に「仕事」というだけだと、手作業での仕事なのか IT を使った仕事なのかがパッとわからないので、拙著『はじめよう！ 要件定義』と合わせる形で、ワークセットという用語を使って説明していきます。

 ワークセットという呼び方
（『はじめよう！ 要件定義』より再掲）

　実はワークセットという呼び方は完全に私どものオリジナルであり一般用語ではありません。ですからこの呼称を使うことに抵抗がないわけではありません。

　しかし、本書をここまでお読みいただくとおわかりのように、本来、1 つの事象には 1 つの名前であるべきところに複数の呼称があったり、あるいは複数のものに対して同じ呼称を割り当ててしまって無用の混乱を招いたりしているのと同様に、「ひとまとまりの仕事に対するソフトウェアの呼称」も実に多岐にわたっており、そして混乱

のもとになっています。

　たとえば「プログラム」と呼ぶと、EXE ファイルの単位なのかソースコードのモジュール単位なのかという混乱を招いたりします。「アプリケーション」と呼ぶとスマートフォンなどの場合、たとえば Twitter クライアントアプリケーションの中で「タイムラインを見る」「ツイートする」「DM を送る」などのそれぞれを何と呼ぶのかということになります。そこで「機能（ファンクション）」と呼ぶと……、というように、既存の呼び名のそれぞれがその指し示す粒度にばらつきを持っており、余計に混乱を招きます。

　そこで本書では、ユーザの 1 つの仕事に対応するソフトウェア側のスコープの単位として「ワークセット」という呼称を導入しています。実際の現場においては、それぞれの呼び慣れた言葉に置き換えて解釈していただければと思います。

図：活動カード＝ワークセット＝ユーザシナリオ

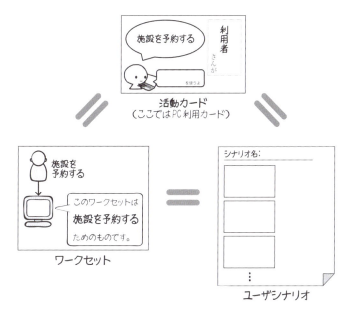

■ ゴールの設定とワークセットの分割

では、具体的にどのように進めていくのか。ワークセットもプロセスですから、やはりゴールを定めるところから始めることになります。このときに重要なのは、ワークセットの粒度ということになります。

たとえば、ネットショッピングだとして「商品を注文する」というワークセットを想定したとき、その前段階として「何を買おうか考える」という仕事まで1つのワークセットにしてしまうと、機能の肥大化につながってしまいます。このような場合は、ワークセットを2つに分けるべきでしょう。このときに

「何を買おうか考えるんだけど、迷って悩んで決められなくて離脱する」というのを防止するために、いかに背中を押すサービスデザインをするか、というのも出てくるわけですが、そうするとなおさら、買うものを決める前と決めた後では心の状態が違うわけですし、サービスのスコープも異なりますので、ワークセットも異なるべきだというふうに得心できるかと思います。

図：大きなワークセットは分ける

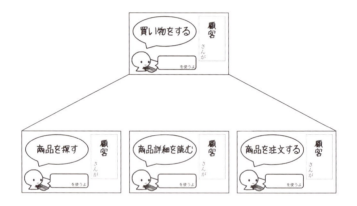

■ マイクロストーリーを描く

あとは、ゴールに向かってユーザがどういうオペレーションをするのかというマイクロストーリーを描いていくことになります。

このとき、実は現代コンピュータ UI（ユーザインターフェース）においてユーザが行えるオペレーションというのは基本形が限定されています。それは次のものです。

- 表示されたものを見る
- 表示された選択肢の中から選ぶ
- 値を入力する
- 実行を指示する

これら4つのオペレーションに対してもマジカではカードを用意しています。

図：ユーザのオペレーションを示すカード

もちろん、スマホなどでは端末をシェイクして振ったり、ピンチイン・アウトのような形でズーム処理を行ったり、あるいはスワイプしたりというのもあるのですが、それらは実は枝葉であって基本形は前述の4つになります。

そして、それを受けてIT側で行うことも基本的なパターン

が決まっています。しかもこれらは第2部で知ったプロセスの基本形と驚くほど相似形です。

・ユーザからのリクエストを受ける
・ユーザへのレスポンスを返す
・何らかの処理をする＋そのアウトプット
・データを保存する
・データを取得する
・実行するタイミング

です。さらにそれらの応用として

・他のコンピュータに送信する
・他のコンピュータから受信する
・他のコンピュータからリクエストを受ける（API）
・他のコンピュータにレスポンスを返す（API）
・プリンタに出力する
・バリデーションを行う

というものがあります。これらを並べていきながら、小さなストーリーとしてゴール達成までのプロセスを作れば、それが1つのワークセットにおけるユーザシナリオになります。

CHAPTER 19：ユーザシナリオを描く

図：ワークセットのユーザシナリオの例

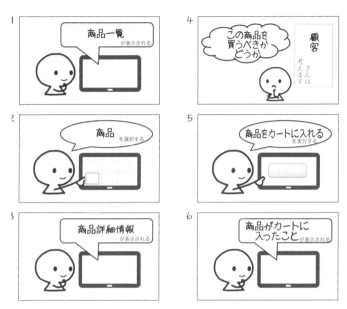

　このワークセットのユーザシナリオの作成においては、ITに詳しい人が加わるとよいでしょう。ITでできること・できないことというのは意外と差があって、よく知らない人にとって夢物語に感じることがすでに簡単に実現できていたりする一方で、知らない人からすればITならできて当然だろうと思っているようなことが数十年後を目指して研究中の領域だったりもします。ですので、現実的な可能性を考えながらプロセス設計をするためにも、ITに関してある程度の知識がある人が加わるのは望ましいことです。

■ やりすぎは禁物

一方で、ここで気をつけていただきたいのは、精密なユーザの操作を描くのではなくてあらすじ程度に留めるということです。ともすればITに詳しい人が参画すると一も二もなく実現性のことを考えてしまいがちです。ですので、ソフトウェアの詳細設計に至るようなところまで折り込みそうになったりします。しかし、それはプロセス設計の後にソフトウェアの要件定義（拙著『はじめよう！ 要件定義』をぜひお読みください）やソフトウェア設計という作業があるので、その際に詳細を詰めていけばよいというふうに考えてください。重要なのは、ゴール設定をしっかりすること・そこに至るストーリーの基本形がしっかりと押さえられていること、なのです。

また、基本的なストーリーが押さえられているという点においては、IT／コンピュータ側の仕事についてはさほど描かなくてもかまいません。重要なのはユーザ（顧客であっても社員であっても、です）がそのユーザシナリオを行うことで、上位のストーリー（つまり顧客の問題解決）における自分の役割を果たすことにきちんとつながっていることを担保することです。

■ 例外処理に注意

例外処理についても同様です。ユーザシナリオにおいても例外処理というものはあり得ますが、「入力ミスがあった場合」などのような操作性の向上支援のような場合分けなどはソフトウェア要件定義の段階で決めてあげればよいでしょう。「注文した商品の在庫がない場合」のような、カスタマーエクスペリエ

ンスやサービスデザイン上のストーリー展開で障害になるようなケースについては、「別の商品をお勧めする」などの背中を押すための別の仕込みが必要になるかもしれませんので、その場合はワークセットより上位のストーリー（カスタマーエクスペリエンスやサービスデザイン）において「もしも」ということで別立てのストーリーにしたほうがよいでしょう。

図：例外処理

コラム　CXにおける例外処理

　ここまできてからカスタマーエクスペリエンスにおける例外処理について触れるのもどうかと思うのですが、一方で前述のとおりCXというのは所詮は顧客に対する期待でしかないため、例外処理などをあまり精緻にしても報いが少ないのが現実です。

197

ところが、これがこと IT を活用して顧客自身にプロセスに介入し
てもらうとなると話が俄然変わってきます。IT 化とは突き詰めれば
セルフサービス化です。となると、顧客がソフトウェアを通じて積極
的にいろいろなアクションを起こすことになります。するとソフト
ウェア上のさまざまな例外処理というのは、そのまま顧客が自分で
応対しないといけないできごとになるわけです。

　例外処理の多い仕事は疲れます。それが顧客の立場であれば、「何
で金を払う立場の自分がここまでしなければならないのか」と徒労
感を持って顧客であることを離脱したいとなっても当然です。それ
を回避するには、安易に例外処理のストーリーを増やすのではなく、
どうしたらスムースに例外処理を起こすことなく CX を完遂できる
か、つまり顧客の問題解決に至ることができるか、ということをぜひ
考えていただきたいのです。

　Amazon が巨大な倉庫を自前で持って不合理と言われるほどの膨
大な在庫を抱え込んでいるのにも理由はあるのです。

　ここまでくれば、ソフトウェアを設計できる技術者（プログ
ラマやシステムエンジニアなど）であれば、このユーザシナリ
オをもとにして、どんなものを作ればよいのかという要件定義
を容易に行うことができるようになります。そこから先は餅は
餅屋として任せてしまっても大丈夫でしょう。逆に言うなら、こ
こまでの一連のもの（カスタマーエクスペリエンス、サービス
デザイン、ユーザシナリオ）がきちんと揃っていない状態でソ
フトウェアの要件定義をしようとすると、ほぼ確実に「ユーザ
の行動シナリオを描く必要がありますね」と指摘されて、プロ
セス設計を本書のとおりにやることになるでしょう。

198

CHAPTER

20

全体を見直してみる

最初は大雑把に、少しずつディテールを詰めていく

　ここまで、カスタマーエクスペリエンス→サービスデザイン→ユーザシナリオという流れで、顧客の問題解決に至るストーリーを設計するという手順を見てきました。プロセス設計の流れは基本的にこれまでの説明のとおりです。あとはこれを繰り返していくだけです。

　このときに意識してほしいのが、最初からかっちりと設計できると思わないということです。まずは大雑把にカスタマーエクスペリエンスを描き、それをどんどんドライブするようにサービスデザインを埋め込んで、そしてITをカスタマーエクスペリエンスとサービスデザインの両方にたっぷりと効果的にまぶしていくようにユーザシナリオを描く。そうすると、カスタマーエクスペリエンスやサービスデザインのあちこちに、「もっとこうしたらいいんじゃないか？」「ここはいらないんじゃないか？」などというアイディアが出てきます。

　ドラマの脚本も小説も（そして本書自身も）何度も推敲する中で精緻化されてより品質の高いものになっていきます。プロセス設計は対象領域が広いと、とにかく何とか全部さっさとやり切らなきゃということで、最初の頃に着手したあたりには力が入っていても後半の作業分が雑になりがちです。

　そうではなくて、そもそもまずは大雑把に、しかし万遍なく

全体を一通りラフデザインとして描いてから少しずつディテールを詰めていくことが、均質なプロセスデザインのコツになります。

経験を重ねてスキルを習得しよう

ともあれ、これで良質なプロセスを設計するために必要なことは一通り学んだことになります。あとはとにかく、スキルの習得度（17ページのコラム「スキルの習得プロセス」を参照）のとおり、経験を繰り重ねていくことが大切です。スキルは経験で作られます。そして、量は質に転化します。ぜひ、プロセス設計を通じて、誰かの問題解決のストーリーをこの世界に1つずつ増やしていってください。

現代の魔法つかいとして

プロセスとは仕組みである
絵に描いた餅にしないために
プロジェクトというプロセスを設計する
問題解決のデザイナーとして
未来図を描く
戦略というプロセスを描く
人生というプロセス
いくつになっても今日が始まり!

プロセスとは仕組みである

　これまで何度も「プロセスとは」ということについて語ってきました。手順であるとも言いましたし、仕事の連鎖であるとも言いました。そして、プロセスは仕組みでもあります。仕組みということはカラクリでもあります。要するに何らかの成果を出すための「タネとシカケ」を仕込むということです。

　また、さらに言い換えると、仕組みとは「システム」のことでもあります。プロセスを考えるというのは、システム、すなわち系を考えるのと同じことでもあります。ということは、プロセス設計とは系を考えることになるのですから、個別の部分最適化に陥ってはいけないということです。

　そして、何よりも現代のプロセス設計においてIT／デジタルは不可欠です。プロセスを設計するというのはITをいかに巧みに使うかを考えるということです。

　これらが組み合わされたとき、良質のプロセス設計に基づいて生み出される成果は、その成果が顧客の問題を解決するさまは、まさに魔法と呼ぶに値することまで実現できると思うのです。つまり、私たちはプロセス設計というものを通じて問題解決の魔法をデザインするようなものですから、いわば現代の魔法つかいとも言えるでしょう。

まとめ 現代の魔法つかいとして

絵に描いた餅にしないために

プロセス設計は、いかに素晴らしい表記法を採用して精密に描いたとしても、それが実行されない限りは完成したとは言えません。上演されない芝居の脚本のように、演奏されない曲の楽譜のように、実行されないプロセス設計もまた、それだけでは何事も引き起こさないのです。

プロセス設計を画餅に終わらせない。芝居であれば上演に向けて稽古をします。楽曲であれば披露するために練習をします。映画であれば撮影をします。これらのようなリアライズする行為、実装する行為が必要です。それの行為もまたプロセスであると言えます。そして、この実現に向けてのプロセスのことを総称して一般的にはこう呼ばれます。「プロジェクト」と。

プロジェクトというプロセスを設計する

「プロセスを設計する」というプロセスの成果である「描かれたプロセス」を、今度は「描かれたプロセスを実行可能にする」というプロセスで現実にする。この現実にするプロセスがプロジェクトです。

プロジェクトの語源はプロジェクターと同じで、前に向かって投じるという意味です。そこから転じて未来に向けて物事を進めていくという意になりました。

では、単に何でもよいから物事を進めればそれでプロジェク

203

トなのか。そうではありません。プロジェクターが正面に映像（ビジョン）を投影するのと同じように、プロジェクトというプロセスが未来に投じるのは、これを現実にしたいというビジョン（未来図）なのです。

図：プロジェクターとプロジェクト

プロジェクション（投影する）　　プロジェクトという活動と
といち活動とその成果　　　　　　その成果

「プロジェクトを成功させるためには」ということについては、いろいろなことが語られています。ですが、大前提としてプロジェクトはプロセスです。ですから、プロジェクトもまた、ゴール設定をしっかり行って、そこに至るまでの過程をバックキャスティングとブレイクダウンを駆使して工程設計するという、プロセス設計の原理原則は何ひとつ変わることなく適用できます。いえ、むしろ原理原則を守った工程設計をしないと、そのプロジェクトは破綻します。

プロセス設計だけで終わっては絵に描いた餅にすぎない。現実にするにはプロジェクトを行う必要がある。しかし、そのプ

まとめ：現代の魔法つかいとして

ロジェクト自体のプロセス設計をしっかりしなければ、プロジェクトは失敗し、結果として描いたプロセス設計は設計だけで終わってしまうのだということを十分に意識して、プロセス設計だけで終わらせない、プロジェクトを成功させて、そして実現した新世界において新しいプロジェクトを定着させるのだという、射程距離の長い視線を持ってほしいのです。

図：プロジェクトというプロセス

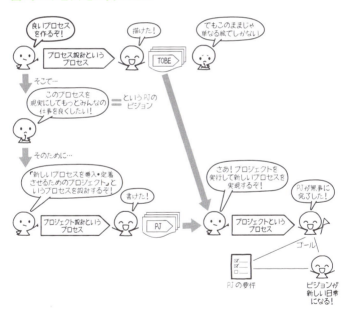

問題解決のデザイナーとして

　プロセスが顧客の問題解決ストーリーであるなら、それを設計するということは問題解決の設計をするということです。私たちがプロセス設計を通じて現代の魔法つかいであるなら、魔法つかいとして解決すべきテーマは現代のものであり、より良い未来を実現するためのものだと言えるでしょう。

　2016年現在において、日本に限らず世界中で閉塞感が蔓延しているのは一面の事実です。その中でも特に日本は課題先進国などとも言われ、実に多くの問題に直面しているのは間違いありません。ことさらにそれをあげつらうつもりもありませんが、ふとした瞬間に暗い気持ちになってしまってもしかたがないように思える状況が山積しています。

　しかし、問題が山積しているということは、逆に考えるなら問題解決をするテーマがいくらでもあるということであり、魔法つかいとして活躍するチャンスがいっぱいあるということでもあります。これは無理して楽観論を語っているわけではありません。技術だけで、つまりむき出しのタネとシカケの大本を闇雲に並べるだけでどうにかできた時代はとっくに終わりました。ですが、問題解決とは単なる技術競争ではありません。問題に対する認識の在り方ひとつでずいぶんと変わってきます。そこで大切になってくるのがビジョンを描くスキルです。

未来図を描く

　ビジョン、すなわち未来図がなければ、ゴール設定ができません。今までは誰かの後ろ姿を追いかければよかった。それが目指すビジョンとして機能していた時代なのです。でも今はそんな存在がない時代です。自分で自分なりの理想を想像して、それを具体的に描くことが必要な時代なのです。

　しかし、スキルの習得度と同じで、知らないことはやれません。「想像する」ということがどういうことなのかを知らなければ、想像することもできません。

　そして、インプットされていないものはアウトプットできないのと同様に、知らないことは想像すること自体ができません。「想像のしかた」という手順と「いろいろな想像」というボキャブラリーとが必要なのです。これらが揃って初めてビジョンを想像して描くスキルを育てる土台ができます。

　ですから、これから私たちが現代の魔法つかいとしてプロセス設計を駆使していくためには、単にプロセスやプロセス設計のことだけを考えていては足りません。プロセスは問題解決のためにあります。いろいろな問題を知ることが必要です。そして、さまざまな解決のボキャブラリーも増やしていく必要があります。製造業だからといって飲食業が無関係なわけじゃない。すべては人が関わることですから、同じような問題を持っていてすでに解決していることも実際に多々存在します。それをプロセスの目線で見たときにうまく応用できないか。かつてベン

チマーキングということがビジネスの現場で流行ったときに盛んに取り上げられた例が、サウスウエスト航空によるF1ピット作業からの学びとそれによる着陸から離陸までの地上滞在時間（乗客を降ろし整備清掃して次の乗客を入れる）を大幅に短縮したというものです。このような例もまた多数存在します。

　現状の悲観的な状況を日々インプットして意気消沈するのではなく、問題解決の魔法つかいとして積極的に顧客の問題を考え、どのような未来を実現できるかのネタ探しを行うことで、結果としてポジティブな思考法が行えるようになっていくはずです。その積み重ねがビジョンを描く力を養い、戦略的な思考を行う基盤へとつながります。

戦略というプロセスを描く

　日本人は戦略が苦手だなどとよく言われます。では戦略とは何か。何だかんだといろいろな表現がされていますが、要するに目的達成に至るまでの過程のアウトラインです。言い換えると、ゴール達成に向けての大まかなプロセスです。つまり戦略とはプロセスなのです。

まとめ：現代の魔法つかいとして

図：戦略というプロセス

　ではどうして、日本人は戦略が苦手なのでしょうか。ビジョンを描く習慣がないからゴール設定が苦手なのです。ゴール設定ができないから、プロセスをバックキャスティングして考えられません。だから「とりあえず」現場が今できることで何とかしようとします。どこまでいっても現状の枠から外れることができません。何となく第1部の話の繰り返しになっていますが、これが現代の日本における問題の最たるものだとも言えるでしょう。要するにプロセス（＝仕組み＝システム）ということを考える心理的な土台がないのです。これを「日本人には戦略的発想がない」とか「日本人は戦略がない」というふうに表現しているのです。

209

コラム　ロジスティクスと調達

　ついでに言うと、「日本人はロジスティクスが下手だ」などとも言われます。これもプロセスという概念の乏しさからきていることがわかります。

　第2部にて活動に必要なものとして材料・道具・手順を示し、それらを用立ている工程がその前に行われていないと駄目だということに触れましたが、プロセスの概念がないということは、この調達に対する意識が希薄だということでもあります。

　それはつまりロジスティクスの基本である「必要なときに・必要なものが・必要な分だけ」揃っているという状況を用立ているというプロセスを想像できないということであり、想像できない＝知らないことはやれないというスキルの習得度の初期段階のところで躓くことになるわけです。

であれば、私たちはプロセス設計というものを通じて、それが戦略にも応用できることを指し示しながら、「戦略が苦手・ビジョン不在」という、第2次大戦前から日本に根強くはびこっている問題に向き合い、解決するために創意工夫をしていくとよいのではないかと考えるのです。それが巡り巡って個々人の人生を良くすることにもつながっていくでしょう。そしてあるいは、逆も十分にあり得るのです。

210

人生というプロセス

古典的なプロジェクトの定義は次の3点を満たすものです。

- 独自性
- 有期限性
- 不確実性

本書はプロジェクトマネジメントに関する書籍ではないのでここでは詳細は説明しませんが、ざっと乱暴に要約すれば「オンリーワンなことを納期に間に合うように、うまくいくとは限らないけどチャレンジする」のがプロジェクトだということです。この乱暴な要約を鑑みれば、私たちの人生もまたそれぞれにプロジェクトであるとも言えます。プロジェクトであるなら、それはつまり人生とはプロセスであり、ゴールに至るまでの過程であると言えるわけです。

もちろん、人生に必ずゴール設定が必要だとは思いませんが、せっかくだからあんなことやこんなことをやってみたいなどの欲は大なり小なり個々人であることでしょう。「何も考えずに無計画にやりたいように生きていても、心配することのない人生を送りたい」という、ある意味壮大な欲を持つ人もいるでしょう。その欲を実現したい・実現するぞと決心したら、それはビジョンでありゴール設定として十分なもの足り得ます。人生がプロセスでありゴールが設定できているのであれば、昨日までの人生はさておき、今から先の人生はゴールを目指してどのよ

うにチャレンジしていくかということをバックキャスティング＋ブレイクダウンで計画することができるということです。これをカッコ良く「人生戦略」と呼んでも何ら間違いではありません。

図：人生はプロジェクトだ!

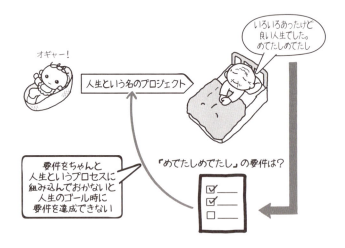

　このように、まずは自分の人生のプロセス設計をして、そしてその描いたプロセスを実践してやりたいことを実現していくということができるようになれば、自ずと周囲からの見え方も変わってくるでしょう。そうするとプロセス設計というもののメリットも伝わりやすくなるでしょうし、徐々に周囲に理解者も増えてくることでしょう。それを私たちのそれぞれが地道に継続していけば、日本中の・世界中のあちこちで少しずつ輪が広がっていって、気がつけば「日本人はプロセス・戦略・ビジョ

現代の魔法つかいとして

ンが苦手」という問題が大幅に解決に向かっているかもしれません。

いくつになっても今日が始まり!

では、いつから取り組めばよいのでしょうか。企業であれば創業期に根付かなかったら駄目なのか。あるいは数人程度の規模ならプロセスなんて考える必要はなくて、ある程度以上の規模になってからがよいのか。だとしたらその規模はどれくらいなのか。それとも創業から何年かが経過したくらいがよいのか。ならば100年企業はどうなのか。人生戦略とかいうけど、個人の場合はどうなのか。70歳からでも遅くないのか。10代では早すぎるのか。いくらでも考えることは可能です。それらに対する答えは1つです。

いくつになっても今日が始まり

です。先延ばしもOKです。ちょっとやってみて三日坊主もOKです。それでも気を取り直して、あるいはまた興味が湧いてきて、ちょっとやってみようかと思ったらやればいいのです。

ただし、1つだけお伝えしておきます。あなたは本書をここまで読んでしまいました。読む前なら「知らない」で済みました。でももうあなたは知ってしまいました。読んだきり忘れてしまうかもしれません。でもあなたの心の深いところにはしっかりとインプットされて残っています。なぜなら「本書を読む」という面倒なプロセスを最後まで行うくらいに、あなたは真面

目だからです。ですから心配しないでください。あなたの心が本当に必要だと感じたときに、間違いなくプロセス設計を始めることでしょう。だからプロセス設計のことを考えるよりも先に、このことを考えてほしいのです。

誰のどんな問題を解決したいのか

それが定まったら、さあ始めましょう！　問題解決のストーリーを描くためのプロセス設計を！

あとがき

　最後までお読みいただき、本当にありがとうございます。私の著書では恒例と化していますが、例によって長めのあとがきを添えさせていただきます。

　冒頭でお伝えしているように、本書は拙著『はじめよう！ 要件定義（以下、オレンジ本）』の姉妹本です。そして本書のほうがお姉さんに当たります。オレンジ本はおかげさまで非常に好評を賜り、この種の書籍としては非常に多くの方々のご支持を得るに至りました。さらに、単に書籍として読んでいただくだけでなく、現場ですぐに実践できるということであちこちの現場にて実際に取り入れてくださる方々も多く現れました。これについてはとにかく著者冥利に尽きるの一言です。本当に嬉しく思っています。

　その一方で、現場での本質的な問題が改めて浮き彫りになってきました。オレンジ本の手法は非常に手堅いもので、ちゃんと行えば着実に要件定義を行えるようになります。それは多くの現場からの声によって手応えを得るに至っています。しかし、それらの現場において「そもそも材料がないから要件定義を行うことができない」という声は予想以上に多かったのです。では、その不足している材料とは何か。それが本書のテーマとなっている「プロセス設計」です。

　「プロセス」については、本書で利用しているマジカを通じて、いろいろな現場で 10 年以上取り組んできました。いえ、そもそ

215

もそれ以前から常にプロセスというものと向き合う中でさまざまな課題に直面し、それらを解決するためにマジカを作ったという経緯がありますから、プロセスに対する取り組みというのは20年以上にも及びます。また一方で、この「プロセス」を設計するということについて、海の向こうでは新しい動きが起こっていることが伝わってきていました。それらに対しても情報収集と試行錯誤を行ったうえで、オレンジ本をお読みいただいた方々のボトルネックであるプロセス設計（オレンジ本では"業務設計"とも言っています）を行ってもらえるように、できるだけ少しでも早くお届けしたいという思いから本書を上梓しました。

　ですから、言い訳がましいのですが、本書はオレンジ本に比べると一読したときの印象が何となく雑然としています。いやそれはいつものことだろう、とも言われそうなのですが、オレンジ本がそれなりの期間を経て整理しているのに対して、本書はとにかくあれも伝えておかなければ・これも必要だ・あっちもこっちも……と、とにかく全部を一気にぶち込んでいます。ですから、文中コラムも本来は添え物のくせに、場合によっては妙に長かったりします。また、第2.5部などは、普段の実務上の個人的なモヤモヤがダイレクトに滲み出てしまっていたりしていて、正直なところネガティブな文面になっている感は否めません。このように著者側の思いが空回りしていて読みづらいきらいはあるのですが、内容自体はお役に立てるものになっていると確信していますので、どうかご容赦いただければと願う次第です。

あとがき

　さて、本書では「プロセス＝仕組み」としています。そして仕組みというともう1つの言葉が浮かびます。そう「仕組み＝システム（系）」です。そしてバブル崩壊後の失われた20年などと言われる中で、このシステム（系）を描き構築するという観点も、目先の「どう作るか」というHow toに押し潰されて埋没してしまった感があります。それを象徴するのが、この20年ほどでSE（システムエンジニア）と呼ばれる職能の位置付けが大きく変質してしまったことです。

　かつて企業システムにおけるコンピュータプログラムの作成には、次の3つの職能が存在しました。

- **プログラムを設計するプログラマ**
- **プログラマが設計した設計情報をソースコードに変換するコーダー**
- **コーダーの書いたソースコードをコンピュータに入力するパンチャー**

　本編で再三繰り返したように、材料がなければ成果は出せません。では、プログラマは設計情報という成果を出すために、どんな材料を必要とするのでしょうか。それは「こんなプログラムが必要だ」という情報になります。その材料をもとにプログラマは、「では、こんなプログラムを実現するにはどうしたらよいか」ということを考えていたのです。これがプログラム設計です。では、その材料を成果として出力するのはどんな仕事でしょうか。

　それは「どんなシステム（系）を作ればよいか」を考えて「そ

217

のシステムを実現するためには、どんなプログラムが必要か」ということを決めるという工程になります。では、この工程を誰が行うのか。そうです、それが本来のシステムエンジニアの仕事です。

しかし、コンピュータのダウンサイジングにより、昔のように数人で1台の端末を共有して使うことをしなくても済むようになりました。1人で1台の端末を使えるなら、プログラマ→コーダー→パンチャーという分業は不要になります。この分業プロセスは、「コンピュータ端末は高価である」というリソース制約に対する効率化から生まれたものです。1人1台が実現するならバケツリレーは不要です。かくしてコーダーやパンチャーという職能は不要になり、「プログラマがソースコードという本質的なプログラムの設計情報を書けばよい」という時代が到来しました。つまり、テクノロジーの安価化がプロセスにイノベーションをもたらした……はずでした。

しかし、それはいつしか「プログラマとはプログラムを作る人」という意識にすり替わり、本来の「プログラムを設計する」という役割がプログラマからSEに移動するという悲劇を招来しました。コラムでも「ITは虚業」などという虚言について触れましたが、それ以前に「ソースコードを書く＝コーディング・パンチングをする」という間違った認識のためにテクノロジーの発展をきちんとプロセスイノベーションにつなげられなかったのです。

その結果、「SE＝プログラムを設計する人」になってしまい、システム（系）そのものを構想・設計する職能が喪失してしま

218

いました。SE が持っていた他の職能部分については、アーキテクトやプロジェクトマネージャという個別スキルとして分離独立しましたが、システム（系）＝プロセス全体を描くというのは空白地帯になってしまったのです。ここを上流工程を受け持つビジネスコンサルタントが受け持つケースも（特に90年代後半の ERP ブームの際に）大型案件では存在しましたが、ビジネスコンサルタントが個別プロセスの詳細や例外ケースまで描き切るということはなく、概要・アウトラインの策定に留まることが大半でした。これに加えて、日本の商習慣として「要件定義という工程の中に、業務設計（プロセス設計）が内包されてしまっている」ことで、「プログラムの要件定義の際にプロセス設計を行う」という、元来無茶なことが定着してしまったのです。こうして本書のテーマである「プロセス（＝システム・系）を設計する」という行為は、概念そのものすらソフトウェアエンジニアのかつての歴史の一部として埋もれてしまいました。その結果が、IT による顧客直結や、それを最大限に活用した「系（生態系・エコシステム）」としてのプラットフォームビジネスを構想・構築できないまま、製品固有の機能競争に終始するしかできない日本企業の現実につながっています。

　これを補うためにさまざまなメソドロジーが提唱されていますが、どれも詰まるところは「個別のプログラムをいかに作るか」というところに終始しており、「系を描く」という本来やるべきことにまったく目が向いていません。やるべきことがごっそりと抜けているのに物事（＝プロセス！）がうまくいくはずがないのは、本書にてご理解いただいているとおりです。この

大いなる課題を克服するには、「プロセスを考える」という当たり前のことを取り戻すことです。すなわち、今こそシステムルネッサンスの時代であるのだと、そう感じるのです。

　さて、そんなご大層なことを振りかざして、では具体的に何をどうすればよいのかということになります。そのための道具が本書であり、マジカです。マジカはその名前のとおり、魔法のような効果があることを実感していますし、実際に豊富な事例もあります。そんな中で感じることがあるので、いささか辛辣なことを書かせていただきます。

　マジカに対しては賛否両論があります。賛成派の大半がどういう点を支持してくれるのかといえば、「可愛い」というところです。そして、否定論の圧倒的多数を占めるのも「可愛い」です。つまり、マジカに賛成してくれる方々は「可愛い！　これならうちの現場でもやれる！」になり、否定的な方々にとっては「可愛いなんていうのはふざけている。けしからん」となります。作者としては否定されても別に構わないのが事実です。しかし、困ったことに「従来の方法だとうまくいかないので何とかしてほしい」というふうにご依頼を受けて、それらの問題に対する当方からのソリューションが「マジカ」なのですが、「マジカは可愛いから嫌だ」となるケースが存在します。であれば、他の手法で頑張っていただければよいのですが、それが行き詰まっているわけです。

　そこで本書の内容に沿ってしっかりと改めて考えていただきたいのです。ゴールは何なのですか？　と。そして、こう指摘し

たいのです。ゴールを達成するための障害をクリアするために
マジカが必要なのであれば、ご自身の「可愛いは嫌だ・カッコ
悪い」などという個人的な美意識よりもプロジェクトとしての
ゴール達成を優先すべきではないのでしょうか？ と。本当に大
切なのは何かということです。

　マジカの最初のバージョンは管理職に受ける「無表情な普通
のアイコン」でした。それがなぜ、豊かな表情を持つに至った
のか。その十数年以上にわたる変遷の過程（＝プロセス！）に
は膨大な現場からのフィードバックがあります。嘘偽りなく朝
から晩までずっとマジカやプロセスについて考え続けている側
からすると、言葉は悪いですが「そんじょそこらのニワカとは、
こちらプロセスってものに向き合ってきた実績が違うんだ
よ」などと言いたくもなります。マジカの可愛さの是非をどう
こうしたいわけではありません。物事には賛否はあれど正否は
ないのです。従来の手法を否定したいとも思っていませんし、マ
ジカとも従来型とも違う別の道もあって然るべきでしょう。

　重要なのは「あなたにとって・御社にとって・このプロジェ
クトにとってのゴールは何ですか？ そこに至るまでのプロセ
スはどうなっていますか？ それを少しでも円滑に進めるため
には何が必要なのですか？」ということ、すなわち「ゴール達
成までのプロセスを設計する」のだということをこそ、しっか
りと考えていただきたいのです。そのためにマジカが必要であ
れば存分にご活用ください。本書の内容も含めてゴール達成に
不要なら、見向きする必要はありません。捨て置いておけばよ
いのです。小さな子どものサッカーのようにボールに闇雲にみ

んなで群がらない。ゴールから決して目を離さない。それこそが本書を通じてぜひとも心に銘記していただきたいことです。

それはさておき、マジカはマジカランドで原紙となる PDF を無償配布しています。これを印刷して裁断し、はがせるノリを活用してペタペタと工作気分で楽しみながらプロセスを描いていただければよいのですが、できあがった成果物の管理と更新が問題でした。いかんせん膨大な紙の束になりますので、みんなで打ち合わせをする際に持って歩くだけでも結構大変です。そこで満を持して「デジマジ（デジタルマジカ）」というアプリを開発しました。おそらく本書が書店に並ぶ頃にはネット経由での配布が開始されているはずです。本書の執筆時においても本文中のサンプル作成などで開発中のデジマジを活用しています。詳細はマジカランドをぜひご覧ください。

ともあれ（日本の企業システム開発の）歴史の中に埋没したかのような「プロセス設計」というものを今回改めて掘り起こし直すのは非常に骨の折れることではありましたが、とても有意義だったと感じています。またこの系統の書籍が今となってはほとんど存在しない状態になってしまっていることを改めて再確認して驚愕すると同時に、だからこそ今という時期にこの内容を書き残せたことを嬉しく思います。

また、マジカの可愛いキャラクターたち、特に新たに加わった「もち」たちの可愛さには、自分自身が本当に癒やされました。日常語として定着した感のある「黒歴史」という言葉が生まれたのは「∀ガンダム」という作品ですが、まさに作中の黒歴史のごとく埋もれたプロセスについて書くうちに、その劇場

版のキャッチコピーではありませんが、「人は癒されマジカを呼ぶ」かのような気持ちになれたことを心底幸福に感じます。

　これまでに非常に多くの方々がマジカを使って、それぞれご自身の普段行われている仕事の数々を山のように書き出してくれました。私たちマジカチームの目に留まるだけでも相当量のものがあります。それらを見て、いろいろな人たちがその先にいるいろいろな人たちのために日々頑張って仕事をしている様子が、描かれたマジカのシート越しに見えてきます。その泣き笑いの日々の証のような数々の業務フローに感動すら覚えます。プロセスとは単なるノーテーションではなく、そこで働く人々の息遣いの写し絵なのだと、そう断言できます。

　人が、組織が、企業が新しいステージに進むことを求められている現代において、これまでやってきたことに誇りを持って全肯定して受け入れたうえで、しかし、その単なる延長で進むことを全否定して、新たなゴールを目指して、もう一度ここから始める。プロセス設計というスキルはきっとその駆動力になってくれると心の底から確信しています。本書がそんな歩みに挑むみなさまの一助になれば望外の喜びです。

　……さて、例によってお約束のようではありますが、いつもながら＆いつも以上に関係各位にご迷惑をおかけして、善意にすがりながら本書を仕上げることができました。改めて心から感謝を申し上げます。

　まず、本当は別の企画での執筆だったのを「今の現場にはこれが必要なんです」などという私の口車に乗ってくれて、こう

して本書を世に出せるようにしてくださった編集の細谷氏に心から感謝いたします。また、オレンジ本のときと同じスタッフのみなさんが今回も集まって支えてくださいました。こちらの都合でどんどんタイトなスケジュールになってしまったにもかかわらず、素敵な仕上がりにしてくださったことを本当に感謝いたします。

　また、何年もの間、マジカを実際に数多くの現場で適用してそのフィードバックをずっとしてくれている菅井大輔氏と、その彼の的確な指揮のもとで、私からのわがままなリクエストを素晴らしいクオリティとスピードでデジマジとして実現してくれているベトナム VTM 社のドゥック氏とホー社長にも感謝いたします。ずっと思い描きながらもなかなか形にすることができなかったデジマジが一気にここまで来たのはみなさんのおかげです。

　また、オレンジ本を出したことで毎月開催するに至った「いきいき塾」にご参加くださっているみなさんにも感謝いたします。みなさんからのさまざまなフィードバックや刺激がプロセスやマジカを鍛えてくれています。

　そして、マジカのイラストを一手に引き受けてくれている相方の可世木恭子に感謝いたします。このイラストがなければマジカはこれだけ多くの支持を得ることはできなかったと断言します。一緒に仕事をできること、心から信頼できることを嬉しく思っています。もち可愛いよ、もち！ これからもずっとよろしく。

　何よりもマジカがここまで育ったこと、そしてそれによって

プロセスに対する豊富な知見が得られたのは、いろいろなところで実際にご利用くださって有形無形のフィードバックをくださった多くのお客さまや、一緒に仕事をしてくれた方々のおかげです。心より御礼申し上げます。

最愛の家族そして子どもたちに感謝いたします。ずっとずっと大好きだよ。

最後に、オリジナルのマジカを一緒に生み出して一緒に育ててきた、今は亡き盟友の原浩一郎氏に本書を捧げます。

とある案件において2人で追い詰められながらの新幹線の中で、一緒に缶ビールを飲み交わしながら「何で俺たちが業務フロー描かないといけないんだよ～。やっている本人たちが何で描けないんだよ～……って、それだ！現場の本人が描けるような仕組みを作ればいいんじゃないか！」という、あのグデグデな酔っぱらいたち（笑）に閃きが舞い降りたこと、そして「断片を描いて並べりゃいいんだよ。矢印なんていちいち描いていられるか」なんて飲んだ勢いで言ったからこそ、カードという形式にたどり着けたこと、そのおかげで大勢の方々に「これなら描けるよ！」と言っていただけるマジカの原型が生まれたこと、あの頃のすべてを今も鮮明に思い出します。あの頃からずっと語り合ったことのいくつかがようやくこうして形になってきました。そして語り合った中のやり残しが膨大にあります。ですから、まだまだ旅は続きそうです。きっとそちらで楽しく呑んでいることでしょうが、願わくばたまにはこちらを見やってニヤリとしてくれますことを。いつか再会する折にたくさんの知見を持っていきますので、それを肴にまたぜひ。

私を取り巻くこれまでの、そしてこれからの、
すべてのリレーションシップに感謝をこめて

2016 年 11 月

羽生 章洋

著者紹介

■羽生 章洋（はぶ あきひろ）

1968 年　大阪生まれ。
1989 年　桃山学院大学社会学部社会学科を中退。

2 つのソフトウェア会社にてパンチャー、オペレータ、プログラマ、システムエンジニア、プロジェクトマネージャなどとしてさまざまな業種、業態向けシステム開発に携わった後、アーサー・アンダーセン・ビジネスコンサルティングに所属。ERPコンサルタントとして企業改革の現場に従事。

その後、トレイダーズ証券株式会社の新規創業時においてIT事業部ディレクターとして、さらに株式会社マネースクウェア・ジャパンの新規創業時に IT 担当取締役として参画。両社にて当時としては先進的なリッチクライアントによるオンライントレーディングシステムを実現。

2001 年 4 月に現在の株式会社マジカジャパン、2011 年 9 月に米国エークリッパー・インクを設立して代表に就任。現在は、企業向けにビジョン設計、業務設計、人材育成、業務の IT 化などの活動を行っている。

2006 年より 2012 年まで国立大学法人琉球大学の非常勤講師。

2013年より特定非営利活動法人原爆先生の理事。

著書に、『はじめよう！要件定義』（技術評論社）、『原爆先生が
やってきた！』（産学社）、『楽々ERDレッスン』（翔泳社）、『改
訂第3版 すらすらと手が動くようになる SQL書き方ドリル』
（技術評論社）、『いきいきする仕事とやる気のつくり方』（ソフ
トリサーチセンター）など多数。

■《イラスト》 可世木 恭子 （かせき きょうこ）

法政大学経済学部卒。複数のソフトウェア会社でプログラマと
して勤務した後、現在の株式会社マジカジャパンの設立、2011
年エークリッパー・インクの設立に参画。現在の世の中ではま
だまだ珍しい業務のイラスト化を中心に活動。

イラストに『はじめよう！要件定義』（技術評論社）、『原爆先生
がやってきた！』（産学社）、著書に『サーバサイドプログラミ
ング基礎』（共著、技術評論社）がある。

- 装丁・本文設計：植竹裕（UeDESIGN）
- 組版：安達 恵美子
- 図版制作：近藤 しのぶ
- 編集：坂井 直美
- 担当：細谷 謙吾

■お問い合わせについて

本書の内容に関するご質問につきましては、下記の宛先までFAXまたは書面にてお送りいただくか、弊社ホームページの該当書籍のコーナーからお願いいたします。お電話によるご質問、および本書に記載されている内容以外のご質問には、一切お答えできません。あらかじめご了承ください。

また、ご質問の際には、「書籍名」と「該当ページ番号」、「お客様のパソコンなどの動作環境」、「お名前とご連絡先」を明記してください。

●宛先
〒162-0846　東京都新宿区市谷左内町21-13
株式会社技術評論社　雑誌編集部「はじめよう! プロセス設計」係
FAX: 03-3513-6173

●技術評論社Webサイト
http://book.gihyo.jp

お送りいただきましたご質問には、できる限り迅速にお答えをするよう努力しておりますが、ご質問の内容によってはお答えするまでに、お時間をいただくこともございます。回答の期日をご指定いただいても、ご希望にお応えできかねる場合もありますので、あらかじめご了承ください。

なお、ご質問の際に記載いただいた個人情報は質問の返答以外の目的には使用いたしません。また、質問の返答後は速やかに破棄させていただきます。

はじめよう! プロセス設計　～要件定義のその前に

2016年12月25日 初版 第1刷発行

著　者　羽生 章洋
発行者　片岡　巌
発行所　株式会社技術評論社
　　　　東京都新宿区市谷左内町21-13
　　　　電話　03-3513-6150　販売促進部
　　　　　　　03-3513-6177　雑誌編集部
印刷・製本　港北出版印刷株式会社

定価はカバーに表示してあります。

本書の一部または全部を著作権法の定める範囲を越え、無断で複写、複製、転載、あるいはファイルに落とすことを禁じます。

造本には細心の注意を払っておりますが、万一、乱丁（ページの乱れ）や落丁（ページの抜け）がございましたら、小社販売促進部までお送りください。送料小社負担にてお取替えいたします。

©2016　羽生 章洋
ISBN978-4-7741-8592-7 C3055
Printed in Japan